日本補教界名師
提升孩子解題能力的祕訣大公開

快速掌握

小學六年
GEOMETRY
幾何概念

西村則康、辻義夫 著

陳識中 譯

前言

我們是專業家庭教師，平時最主要的工作就是指導孩子們準備中學升學考試。

教過這麼多小學生後，我發現在小學生中，「擅長幾何問題」的孩子少之又少。

有些家長將之歸咎於「領悟力」或「天分」，常感嘆「因為我家的孩子沒有幾何天分」，但其實家長們不需要因為這樣就放棄。

只要抓對竅門加以訓練，任何人都能學會幾何問題的解法。

幾何問題跟計算題不一樣，不是運算練習得多就能學會。

正確地運用工具，實際動手「畫」、「摺」、「剪」、「翻」、「轉」，用身體去感覺也很重要。

對於家裡有低年級孩子的家長，可以的話請盡量在小4前讓孩子多累積這樣的經驗。

然後讓孩子練習用言語表現出來，更可以幫助孩子將經驗內化為知識。

「正方形的色紙沿對角線對摺就成了三角形」、「用垂直的方向切黃瓜（青瓜），所有的切口都會是圓形的喔」、「從

上面把蛋糕切成兩半，中間的切口是四邊形呢」、「球不論從哪個方向看都是圓形的」，家長們可像這樣通過生活中的幾何形狀，試著跟孩子們快樂地聊天。

即便是高年級的孩子，這樣做也不嫌遲。這些經驗也與孩子們中學的數學息息相關，所以請從今天就開始吧。

本書以助孩子們能夠自力解答教科書上的應用問題為目的，在各章提供了許多有助於提升幾何題解題能力的小訣竅。請務必參考看看。

由衷祝福各位家長們能通過本書，與孩子一起享受解題的喜悅和成就感，並建立良好的親子關係。

西村則康　辻義夫

目錄

●年級 表示的是學校的學年程度。

※學年下面的★，代表的是「易打結度」。★數愈多代表孩子愈容易打結。

本書的使用方式

本書特別挑出孩子們最容易腦袋打結問題，探究「為什麼會打結」的原因，並提供了針對這些瓶頸的「教學方法」。

學年

該頁內容在小學教程對應的學年。

標題

該頁探討的主題項目。

考題範例

該頁討論項目的典型考題範例。

腦袋會打結的地方

藉由具體的範例，介紹該頁討論的項目中，孩子們「最常腦袋打結的形式」。

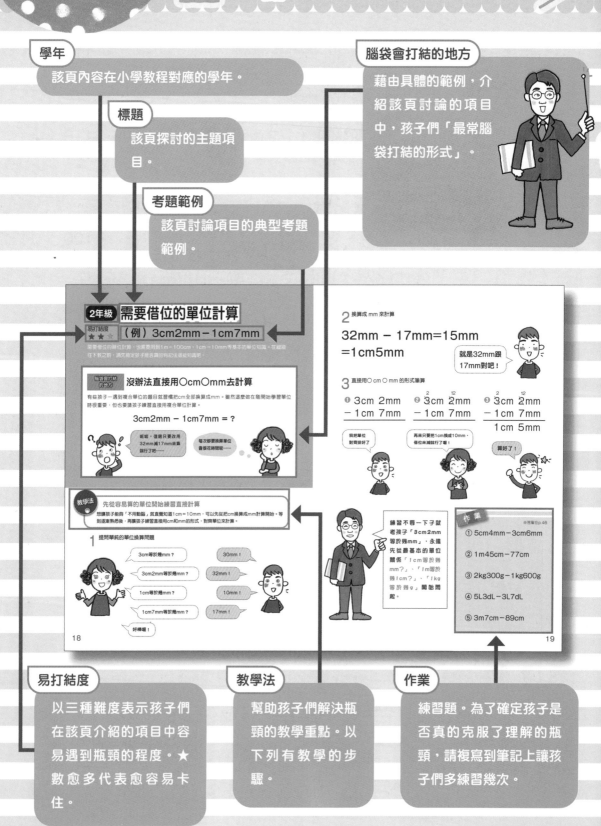

易打結度

以三種難度表示孩子們在該頁介紹的項目中容易遇到瓶頸的程度。★數愈多代表愈容易卡住。

教學法

幫助孩子們解決瓶頸的教學重點。以下列有教學的步驟。

作業

練習題。為了確定孩子是否真的克服了理解的瓶頸，請複寫到筆記上讓孩子們多練習幾次。

part1

如何與孩子們溝通

教小孩功課時最重要的，就是讓孩子在愉快的心情下學習。請家長留意自己的遣詞、表情、語氣，引出孩子的學習幹勁。

如何教出「擅長幾何問題」的孩子？

不擅長解幾何問題，這樣的孩子相當常見。幾何題的解題能力，可以靠著實際用眼睛觀察、觸摸、把玩生活中的幾何圖形，用累積「經驗」的方式來提升。如果你的孩子在遇到幾何問題時容易腦袋卡卡的話，就先讓孩子離開習題，親身接觸日常生活中的幾何圖形，與圖形親近親近吧。

擅長幾何題的小孩

我喜歡玩積木！

摺紙真快樂！

這個形狀，我有看過喔！

不擅長幾何題的小孩

三角形？那跟我又沒關係！

面積的公式，背了有用嗎？

◯ 讓孩子從平常就親近幾何圖形

諸如「將棋的棋子是五邊形」、「雨傘是八邊形」，家長可以陪孩子一起在周遭的事物中尋找圖形，或是透過「撲克牌上的圖案都是線對稱」等遊戲來認識幾何圖案的性質。又或者也可以用自己的身體當教具，考考孩子「坐著的時候雙腳最大可以張開到幾度」。或是告訴孩子「能不能幫我在鍋子裡裝1公升的水？」，用請他們幫忙的方式也很有效果。這部分請參考p.14的「輔助工具」。

◯ 引導孩子理解『為什麼會這樣』

幾何學的學習，比起死背公式或解題步驟，去理解「為什麼會這樣」的原因，產生驚嘆、豁然開朗的經驗更加重要。因為感動、頓悟的經驗不容易遺忘，所以也更容易把知識活用在應用題中。

本書的解說也會特別著重在這幾點上，請家長們在閱讀時務必回頭參照本節。

幾何學的教學技巧

教孩子學習的時候，引導孩子自己找出答案是很重要的。自己找出答案不僅可以建立自信，也有助於記憶解題的步驟。所以不論多麼小的成就，都請盡量給予讚美和鼓勵，引出孩子的幹勁。

◯ 跟孩子一起思考如何解題

請不要直接從結論開始講解，馬上說出答案，改以溫柔、平和的語氣，運用「還記得●●公式嗎？」、「□□是什麼呢？」等引導式的問題，陪孩子一起思考。一邊與孩子對話一邊解題，寫題目對孩子而言就會是一件快樂的事，讓小孩留下「學幾何很快樂」的印象，並逐漸克服對幾何題的畏懼心。

好的溝通範例	不好的溝通範例

你愈來愈會畫圖形了喔！

你今天很專心耶！

你連這種問題都不會!?

剛剛不是講過了嗎！

你已經是三角形博士了呢！

你觀察得很棒唷！

●●公式是××才對！

畫得漂亮一點好不好！

教了好幾次還是不會解怎麼辦？

只要能夠自己畫圖，對於幾何的整體理解能力就會提高，所以最好能讓孩子學會畫圖。首先請用生活周遭的道具或工具，實際動手試試看吧。

○ 練習畫直線

有的家長可能會疑惑「畫直線不是很簡單嗎？」，可對某些孩子而言，畫線其實有點難度。練習時請把直尺翻面，沒有刻度的面朝上，用非慣用手確實按住直尺。固定好直尺後，練習畫5～10條30cm左右長的線。

○ 圓規請選 針頭尖銳堅固的

如果圓規的針不夠尖銳，就很容易滑掉，畫不出漂亮的圓。孩子可能會因為這樣而變得討厭寫跟圓有關的問題。在學習幾何的過程中，學會正確地使用工具非常重要。讓孩子相信「只要有圓規我就能畫出漂亮的圓」，也是建立自信的一個方法。

○ 描圖

請讓孩子練習用筆描畫習題或課本上的幾何圖形。首先從三角形、四邊形、圓形等形狀開始，再到複合圖形和立體的示意圖等，讓孩子多描摹各種複雜的圖形，內化為自己的東西。等到習慣之後，可以再挑戰一邊看著圖，一邊畫在另一張紙上。

○ 把色紙對摺、剪裁、再攤開

摺紙和剪紙可以培養對對稱圖形的敏感度。同時，還可以輕鬆做出自己喜歡的形狀，並把紙翻轉、旋轉，實際移動圖形，是非常好的活動。要養成在腦中轉動圖形來解題的能力，首先實際動手玩玩看是很重要的。

其之 ④

自己也不擅長幾何學，
沒有自信教孩子……

相信不少家長自己也有「不擅長幾何」、「不擅長算數」、「不擅長解應用題」的困擾。但請不用擔心。本書提供了很多能讓家長跟孩子一起親近幾何圖形、提升幾何題解題能力的小祕訣喔。

> 要是被孩子問到我最不擅長的圓的問題，該怎麼辦……

> 本書提供了許多即使是小孩子也能看懂的解說，相信家長們看了應該也能輕易理解。如果真的覺得看不懂，先回到前一個學年的部分，從基礎開始一步步重新理解就沒問題了。

強化幾何解題能力！
好用的輔助工具

本欄挑選了幾種有助於親近幾何圖形，且能更有效率地解決幾何問題的工具。除了唸書的時間外，也請家長試著應用在日常生活以及與孩子的遊戲中吧。

直尺、皮尺

度量長度的常見工具。請試著用它們來量量看孩子的身高、手掌大小、手指長度。孩子對於跟自己有關的事情，都非常有興趣。

量角器

用來測量角度。可以跟孩子一起用它來量量看家裡各種物品的角度。

三角尺

在畫平行或垂直線時經常用到。很適合用來當作直角三角形的典型範例。

圓規

除了畫圓之外，在作圖時也常常用到的工具。請讓孩子多用它來畫圓，熟悉量角器的用法。

色紙

可以對摺、裁切，一邊玩樂一邊記住圖形的性質。三角形、四邊形、角度、對稱的圖形……應用方法有無限多種。

量杯、量匙

對於實際感受容積和重量的單位很有幫助。可以在 1L 的寶特瓶裡裝滿水，讓孩子們實際感受一下 1kg 有多重。

空盒子

可說是幫助孩子掌握立體概念的必要道具。空的衛生紙盒可以拆開攤平來看看長什麼樣，非常好利用，推薦各位家長試試看。

方格紙

可幫助孩子掌握正確的幾何圖形概念，非常方便的道具。推薦使用5mm網眼的方格紙，不過用普通的網格筆記本也OK。

part2

單位、圖形的性質

cm和mL等單位，經常在幾何圖形的計算題中出現。單位的換算和角度等，這種所有幾何題目都會遇到的東西，一定要確實打好基礎才行。

「單位」
記住這幾點，就沒什麼難的！

牛奶盒等於1000顆骰子

　　準備一個市售的邊長1cm（$1cm^3$＝1mL）的骰子，讓孩子從視覺上去理解1000個這樣的骰子就等於一個牛奶盒（$1000cm^3$）的大小。

　　或是用量杯（200mL）裝水倒進空的牛奶盒，讓孩子看到剛好可以倒進5杯，也十分有效。

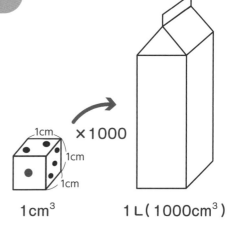

1cm
1cm
1cm

×1000

$1cm^3$　　　　　　1 L（$1000cm^3$）

讓孩子實際感受水的體積和重量的關係

　　在放上空量杯的狀態下把秤重器歸零，再往量杯裡裝水，讓孩子實際看看水的重量。

　　先讓孩子看到100mL（＝$100cm^3$）的水，重量剛好是100g後，再告訴孩子「其實重量的單位就是以水的重量當標準決定的」。這麼做不僅有助於未來理化的學習，更能得到非常寶貴的經驗。

重量的單位，就是用1mL（$1cm^3$）的水重量當基準決定的唷。

喔～原來是這樣啊～

不要疏忽隱藏的「0」

1L50mL＝（　　　　　　　）mL

　　像上面這種的單位換算，其實就是1L（＝
1000mL）加上50mL，所以可以像右邊這樣對齊
單位後，用直式加法寫給孩子看。把隱藏起來的百位
數的「0」寫出來，讓孩子去意識。

　　使用網格筆記紙效果更好。

	1	0	0	0	mL
+			5	0	mL
	1	0	5	0	mL

變換單位的時候，可以讓孩子先猜猜
中間多了或少了幾個O。

作 業

※答案在p.46

①
1m＝　甲　cm

1cm＝　乙　mm

1m＝　丙　mm

②
1L＝　甲　dL

1L＝　乙　mL（cm³）

1dL＝　丙　mL（cm³）

③
1kg＝　　　　g

④
水1L的重量➡　甲　kg ＝ 　乙　g

需要借位的單位計算

易打結度
★ ★ ☆

（例）3cm2mm－1cm7mm

需要借位的單位計算，也需要用到1m＝100cm、1cm＝10mm等基本的單位知識。在繼續往下教之前，請先確定孩子是否真的有記住這些知識吧。

| 腦袋會打結的地方 | **沒辦法直接用○cm○mm去計算** |

有些孩子一遇到複合單位的題目就習慣把cm全部換算成mm。雖然這麼做在剛開始學習單位時很重要，但也要請孩子練習直接用複合單位計算。

$$3cm2mm－1cm7mm＝?$$

呃呃，這題只要改用32mm減17mm來算就行了吧……

每次都要換算單位會很花時間呢……

教學法　　先從容易算的單位開始練習直接計算

想讓孩子能夠「不用動腦」就直覺知道1cm＝10mm，可以先從把cm換算成mm計算開始。等到逐漸熟悉後，再讓孩子練習直接用cm和mm的形式，對齊單位來計算。

1　提問單純的單位換算問題

3cm等於幾mm？

30mm！

3cm2mm等於幾mm？

32mm！

1cm等於幾mm？

10mm！

1cm7mm等於幾mm？

17mm！

好棒喔！

2 換算成 mm 來計算

$$32mm - 17mm = 15mm$$
$$= 1cm5mm$$

就是32mm跟
17mm對吧！

3 直接用○ cm ○ mm 的形式筆算

❶
```
  3cm 2mm
− 1cm 7mm
```

我把單位
對齊排好了。

❷
```
   2    12
  3cm  2mm
− 1cm  7mm
```

再來只要把1cm換成10mm，
借位來減就行了喔！

❸
```
   2    12
  3cm  2mm
− 1cm  7mm
  1cm  5mm
```

算好了！

練習不要一下子就
考孩子「3cm2mm
等於幾mm」，永遠
先從最基本的單位
關係「1cm等於幾
mm？」、「1m等於
幾cm？」、「1kg等
於幾g」開始問起。

※答案在p.46

作 業

① 5cm4mm−3cm6mm

② 1m45cm−77cm

③ 2kg300g−1kg600g

④ 5L3dL−3L7dL

⑤ 3m7cm−89cm

19

中間需要插入0的單位換算

易打結度
★ ★ ☆

（例）3m7cm = $\boxed{}$ cm

長度、容積、重量的單位變換如果學得不紮實，便很容易光看數字來回答問題。

腦袋會打結的地方

沒有確實理解單位的相對關係

如果沒有確實記住1m＝100cm，就相當容易忽略被省略的0，犯下「3m7cm＝37cm」這種錯誤。

3m7cm = 37cm ？

數字是3跟7對吧。所以答案是37cm嗎？

沒有發現3跟7中間的那個0呢……

教學法

把中間的0寫出來

養成「3m等於幾cm？」的口頭問答練習，以及書寫時對齊位數的習慣，就能有效改掉粗心大意的毛病。

1　先把3m換算回300cm，然後再用直式計算加上7cm對齊位數

		3	0	0 cm
				7 cm

使用有網格的筆記紙，寫起來會更方便喔！

2 相加

	3	0	0	cm
+			7	cm
	3	0	7	cm

雖然題目裡面沒有寫出來，但中間還有一個「0」呢！

把「3m等於300cm」寫下來，然後把「7cm」也寫下來，用眼睛確認。這個練習最重要的目的，就是養成「對齊位數」的習慣。

作業

※答案在p.46

① 4m8cm＝（　　）cm

② 12m5cm＝（　　）cm

③ 4L80mL＝（　　）mL

④ 105cm＝（　　）m（　　）cm

⑤ 3075mL＝（　　）L（　　）mL

易打結度
★ ★ ★

（例）1L500mL水的重量

物體的重量是以水為基準決定的，1g就是1mL的水的重量。換言之只要正確地認識體積的單位，便能知道水的重量。

腦袋會打結的地方 ① ## 不理解體積的單位

如果不理解cm³跟L（公升）、dL（公合）、mL（毫升）的關係，就很容易犯錯。

1L500mL的水重量是 ☐ g

呃呃，1L是幾mL來著……？

這孩子似乎沒搞懂L跟mL的關係啊……

教學法 首先讓孩子確實理解體積的單位

跟1mL的物理量是一樣的。而1L是1000mL（1000cm³）。所以1L500mL就是1500cm³（mL）。

1cm³跟1mL的量是一樣的喔。

$$1L500mL$$
$$=$$
$$1500mL$$
$$=$$
$$1500cm^3$$
$$\downarrow$$
$$1500g$$

1mL是1cm³，然後1cm³是……

不理解1cm³的水重量就是1g

如果不清楚重量的單位是以水的體積為標準，就會不知道該從哪裡開始思考題目。所以請先教導孩子1cm³的水就是1g重吧。

教學法

反覆用問答練習體積和重量的變換

不斷運用問答的方式，讓孩子把容積換成體積、重量換成體積、體積換成重量。或是在1L的寶特瓶（膠樽）內裝水，將水量和重量展示給孩子看也是不錯的方法。

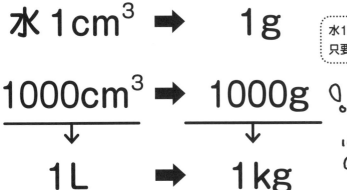

水1mL＝1 cm³＝1g
只要這樣記就好囉。

原來重量的單位是以水為基準決定的啊。

只要告訴孩子「**重量的單位是以水為基準決定的**」，大多數的孩子都會大吃一**驚。而這種大吃一驚的經驗，將成為永遠不會遺忘的記憶。**

作業

※答案在p.46

請問下面數量的水重幾g？

① 980mL

② 2L400mL

③ 1200 cm³

④ 1L3dL

⑤ 2.5L

「圖形的性質」
記住這幾點，就沒什麼難的！

教學法 從直角問到360°

像右邊這樣，用緊迫的節奏考考孩子「這個角度是直角的幾倍」，讓孩子記住「量角器最多只能量到180°角」、「繞一圈的角度是360°」。

這個角呢？ → 90°

那這個呢？ → 180°

這個呢？ → 360°

那這個！ → 呃呃……是 90×3＝270°！

只要確實學會了……

要算這個角的大小 → 只需要測量這邊的角度，再用360°去減就可了！

孩子就會直觀地理解可以這樣算！

作業

※答案在p.46

請問下面各角的大小大概是多少。請從下列的A～D中選擇答案。

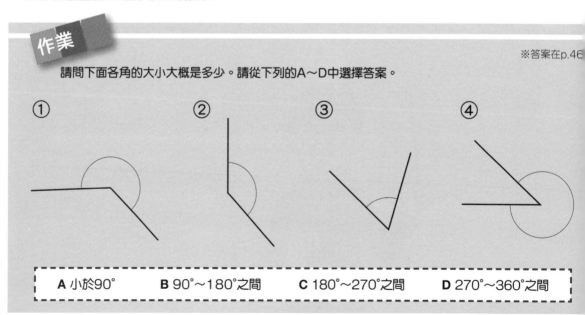

① ② ③ ④

A 小於90° **B** 90°～180°之間 **C** 180°～270°之間 **D** 270°～360°之間

首先養成「自己畫畫看」的習慣

（例）
請問正方形的對稱軸有幾條。

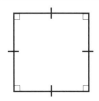

教學法 **經常提醒孩子「自己畫畫看」**

　　所謂的對稱軸，就是將一個圖形切成兩個相同形狀的分割線，首先請告訴孩子「自己畫畫看」。然後再用口頭引導孩子用正確的方式思考、發現圖形的性質。

作　業

※答案在p.46

請畫出正五邊形、正六邊形的所有對稱軸。

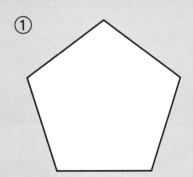

①

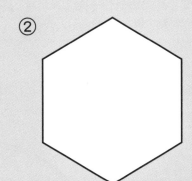

②

除此之外，關於角度的部分，還要記住「平行線可以畫出相同大小的角」。另外，在畫放大圖和縮小圖的時候，「找一個固定點（線）來畫」，則是作圖的重點。

25

4年級 比直角更大的角

易打結度
★ ★ ☆

（例）求鈍角的角度、
求比水平線更大的角度

所謂的「角」，不一定總是尖銳、狹窄的。請讓孩子知道這世上也存在比90°（直角）和180°（水平）更大的角吧。

腦袋會打結的地方 ❶ 無法把大於90°的角想成「角」

有些孩子會沒辦法理解鈍角（大於90°的角）的概念，不知道該如何測量。

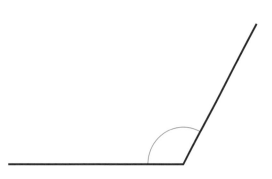

尖尖的是角，但這個一點都不尖，應該不能算角呀……

教學法 告訴孩子「角不一定是尖尖的」

告訴孩子，不一定只有尖尖的才算是角。請拿出量角器，讓孩子實際看看大於90°的角也是可以測量（最大量到180°）的吧。

量角器最大可以量到180°喔！

看這個刻度！

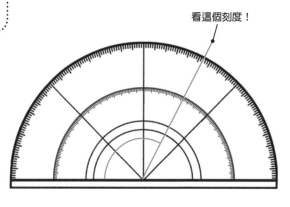

原來是這樣啊！

如果孩子沒辦法把大於180°的角當成角，沒有「繞一圈等於360°」的概念，就會
不知道怎麼測量這種角的大小。

量角器
沒法量啊～！

測量比較小的那個角

當孩子不知道怎麼測量比量角器更大的角時，可以告訴孩子「轉一圈的角度就是360°喔」。
或者引導孩子自己發現，只要量比較小的那個角就能得到答案也可以。

只要孩子對「就算不尖也可以是
角」，以及「量角器的角度是
180°」、「轉一圈（圓）的角度
是360°」產生實感，就能順利地
量出角度了。

所以只要量比較小的
那個角，再用360°
去減就可以對吧？

轉一圈的角度
就是360°唷。

作業

※答案在p.46

請問下面的角分別是幾度呢。用量角器量量看吧。

① 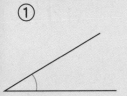　② 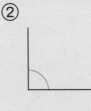　③ 　④ 　⑤

角度的計算

易打結度
★ ★ ☆

（例）求兩交叉直線的夾角大小

當有一條線與另一條線相交，或穿過兩條平行線時，只要知道其中一個角的角度，就算不用量角器也能得知其他角的角度。那就是相鄰角和對角。

腦袋會打結的地方 **1** 容易單用眼睛估算「大概是〇度」

不能讓孩子養成用感覺去猜「大概是〇度」的習慣。數學不能用「看的」和「感覺」，請讓孩子養成用「邏輯」去思考的習慣。

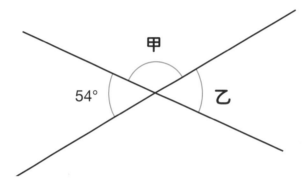

> 大概是120°吧？不用量角器的話我不知道答案啊……

教學法　先用量角器量量看

實際使用量角器，讓孩子看看「54°角跟甲角相加等於180°」。只要引導孩子發現可以用「180°−54°」得出答案就行了。

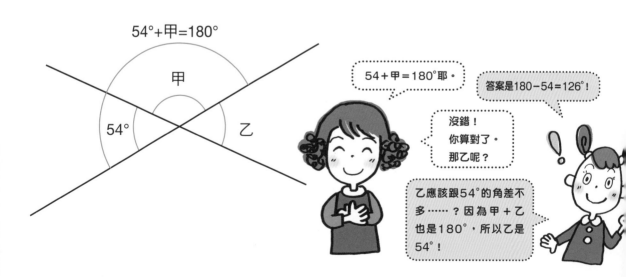

$$54° + 甲 = 180°$$

> 54＋甲＝180°耶。

> 答案是180−54＝126°！

> 沒錯！
> 你算對了。
> 那乙呢？

> 乙應該跟54°的角差不多……？因為甲＋乙也是180°，所以乙是54°！

兩條平行的直線跟同一條線的夾角相同。只要知道這點，就會發現雖然兩個角不相交，
但大小是一樣的。

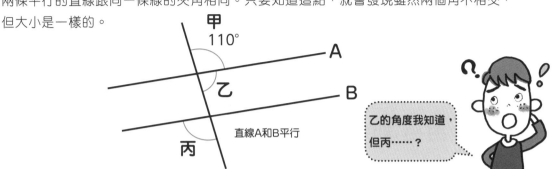

甲
110°

A

乙

B

乙的角度我知道，
但丙……？

直線A和B平行

教學法

找出相等角

要孩子一次求出所有角的角度會讓他們的腦袋打結，所以請先讓他們找出離丙較近之角的角
度。

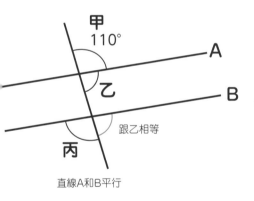

甲
110°

A

乙

B

跟乙相等

丙

直線A和B平行

乙的角是？

180°−110°=70°！

沒錯！那麼離
丙最近，已知
大小的角是哪
個呢？

丙旁邊的那個角跟乙一
樣大！所以丙的角度是
180−70＝110°！

請先使用量角器，讓孩子實際看
看「兩角相加等於180°」。而
兩條平行線與同一條直線的夾角
角度相同，所以就算沒有相鄰，
也能看出哪兩個角一樣大。

作業

※答案在p.46

請問下面甲～戊的角分別是幾度？

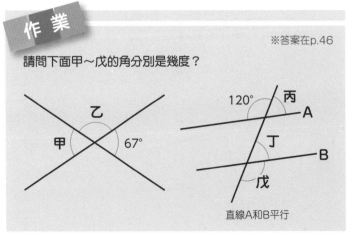

乙

甲

67°

120° 丙
A

丁
B

戊

直線A和B平行

易打結度
★ ★ ★

（例）畫出與通過A點的直線甲平行的線、
畫出與通過B點的直線乙垂直的線

當題目中的直線是傾斜的時候，似乎很多孩子都會感到不知所措。請使用三角尺，讓孩子了解不論什麼樣的直線都可以畫出平行、垂直線吧。

| 腦袋會打結
的地方 | **用目測的方式畫線** |

儘管不用兩個三角尺也能畫出「大概平行或垂直」的直線，但在數學的世界裡，「大概」是大忌。

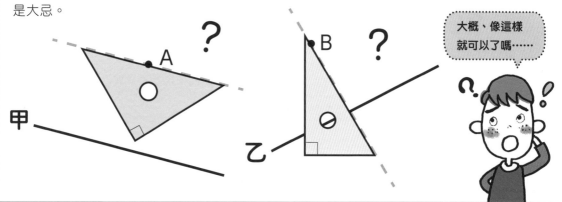

大概、像這樣
就可以了嗎……

教學法

嚴格要求「使用一組三角尺」

作圖時「大概」是大忌。所以一定要教導孩子正確的步驟。不論平行的直線或垂直的直線，都可以用一組三角尺畫出來。

平行

1 先拿一個三角尺，用直角的部分對準圖中直線。

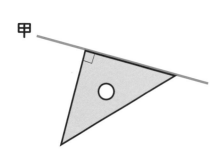

2 再用另一個三角尺固定，然後把第一個三角尺往上滑到A點。

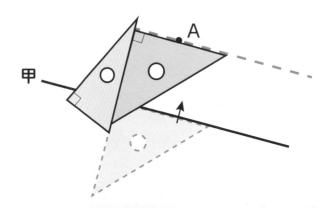

1 拿一個三角尺對準圖中直線。

2 再用另一個三角尺貼在1的三角尺上。

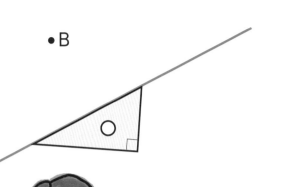

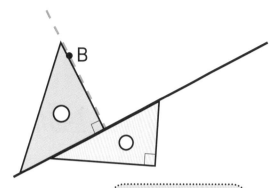

請讓孩子運用三角尺的直角部分，體驗如何畫出平行和垂直的直線。只要多加練習，很快就會進步喔！

垂直線也是用兩個三角尺來畫呢。

作業

※答案在p.46

①請畫一條通過A點，且與甲平行的直線。

甲

•A

②請畫一條通過B點，且與乙垂直的直線。

B

乙

易打結度
★ ★ ★

（例）從圖中找出平行、垂直的直線

可以自己畫平行線、垂直線後，接著就讓孩子練習判斷平行線和垂直線吧。只要懂得如何運用三角尺就行了。

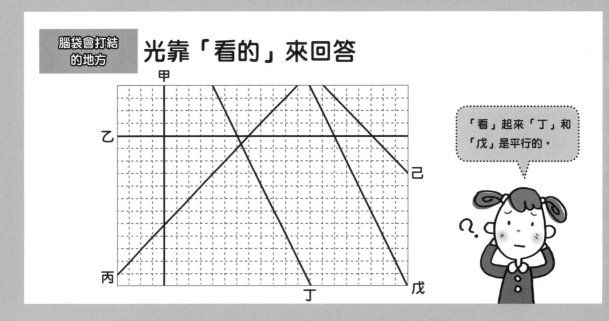

腦袋會打結的地方

光靠「看的」來回答

「看」起來「丁」和「戊」是平行的。

教學法

用數網格的方式來判斷

雖然「看」起來，「丁」和「戊」是平行的，但請不要用「因為看起來像」來判斷，運用網格陪孩子一起檢查到底有沒有平行吧。

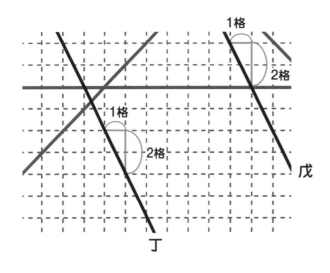

「直線丁」和「直線戊」的斜率都是右1格、下2格呢！

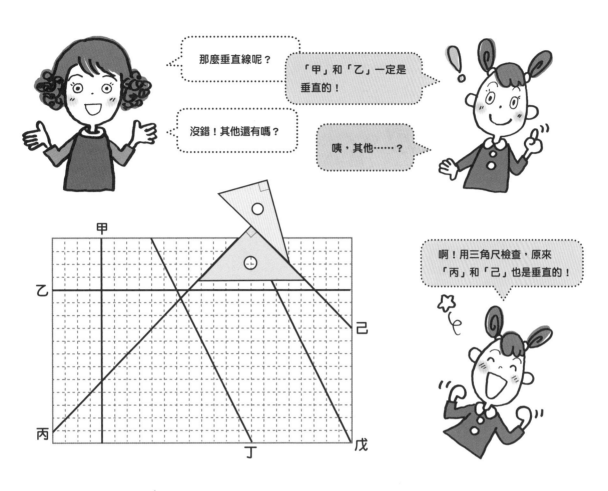

那麼垂直線呢？

「甲」和「乙」一定是垂直的！

沒錯！其他還有嗎？

咦，其他……？

啊！用三角尺檢查，原來「丙」和「己」也是垂直的！

不用「看的」來判斷，乃是算術幾何學的「守則」。請讓孩子養成確實用邏輯來解釋的習慣吧！

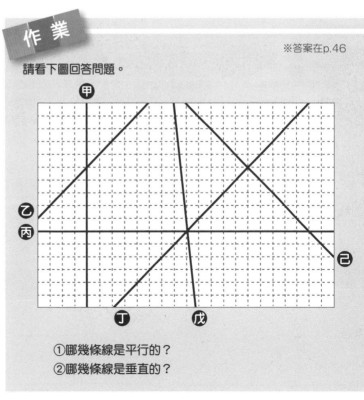

作業

※答案在p.46

請看下圖回答問題。

①哪幾條線是平行的？
②哪幾條線是垂直的？

易打結度
★ ★ ☆

（例）畫出原圖2倍大的放大圖，以及 $\frac{1}{2}$ 的縮小圖

放大圖跟縮小圖，就是跟原本的圖形形狀相同，但所有邊長都變成固定倍數的圖。在畫圖時，只需固定一個頂點，然後改變邊長即可。

腦袋會打結的地方 想像不出要畫的放大圖和縮小圖長什麼樣

先決定原本圖形「不動的頂點」在哪裡是重點。

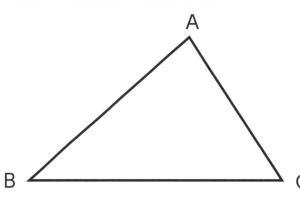

該從哪裡開始才好……？

教學法 讓孩子用原本的圖形來畫

先教導孩子，放大圖和縮小圖「要利用原本的圖形來畫」。最簡單的畫法，就是固定左下的頂點B，然後把B到A的邊長，以及B到C的邊長變成2倍或 $\frac{1}{2}$ 倍。

放大圖

1 決定一個固定點。

2 沿著AB、BC畫出與原本線段等長的延長線。

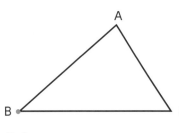

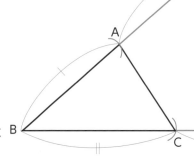

只要利用圓規找出A′和C′的位置，然後把B和A′跟C′連起來就完成了！跟原本的三角形重疊也沒關係喔。

縮小圖

1 決定一個固定點。

2 在AB、BC的中間點畫上記號，然後相連。

只要量一下長度，馬上就知道了！

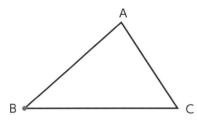

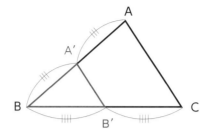

放大圖和縮小圖，可以固定圖形最左下的頂點，然後讓孩子練習把其他點的長度延伸幾倍後再連起來。
只要多練習就知道怎麼畫了

作業

※答案在p.46

①請畫出三角形ABC的2倍放大圖。

②請畫出三角形ABC的 $\frac{1}{2}$ 縮小圖。

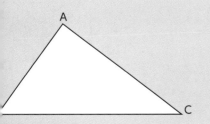

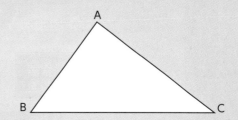

易打結度
★ ☆ ☆

（例）求縮小圖的邊長或角度

放大圖和縮小圖，只有大小不一樣，形狀是完全一樣的。而形狀一樣的圖形，角的大小也一樣。

腦袋會打結的地方 不知道該放大、縮小哪裡

請引導孩子領會放大圖和縮小圖跟原本的圖形「形狀完全等同」這件事。

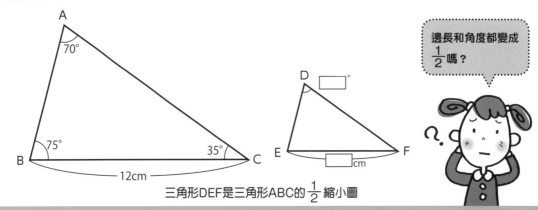

邊長和角度都變成 $\frac{1}{2}$ 嗎？

三角形DEF是三角形ABC的 $\frac{1}{2}$ 縮小圖

教學法 只要角度一樣，形狀就一樣

請教導孩子，所謂的放大圖和縮小圖，就是角度跟原本的圖形完全一樣，但邊長變成幾倍的圖形。

EF的長度是幾cm？

因為是 $\frac{1}{2}$ 縮小圖，所以是12cm的一半6cm嗎？

沒錯！放大圖和縮小圖，只需要把邊長變成幾倍就行了。那角D的角度呢？

因為是 $\frac{1}{2}$ 縮小圖，所以是70°的一半35°？

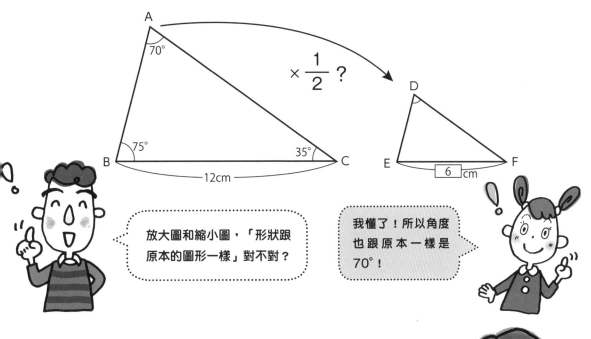

放大圖和縮小圖，「形狀跟原本的圖形一樣」對不對？

我懂了！所以角度也跟原本一樣是70°！

對於放大圖和縮小圖，請讓孩子腦中隨時謹記「放大圖和縮小圖就是跟原本圖形形狀相同、大小不同的圖」。讓孩子具有跟國中、高中幾何學也會用到的「相似」概念。

※答案在p.47

三角形DEF是三角形ABC的3倍放大圖。

①若邊AB是8cm，請問邊DE是幾cm？
②角E的大小是幾度？

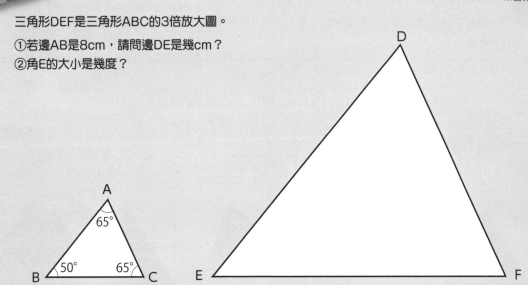

6年級 線對稱、點對稱的圖形

易打結度
★ ★ ☆

（例）畫出線對稱、點對稱的圖形

儘管大多數的孩子都能正確畫出線對稱的圖形，但一遇到點對稱的圖形，畫不出來的小孩就會變多。請向孩子好好解釋究竟什麼是點對稱吧。

腦袋會打結的地方 ① 不注意長度，憑感覺去畫

畫線對稱的圖形時，如果不去檢查對稱軸兩邊的線段是否等長，就很容易畫出像右邊這樣錯誤的圖形。

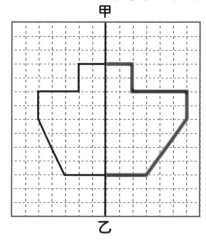

好像怪怪的……

教學法 對稱軸兩邊的線段要等長

請提醒孩子檢查對稱軸兩邊的線段是不是一樣長，形狀有沒有相等。盡可能用簡單的詞語會更有效。

只要像照鏡子一樣去畫就行了嗎……

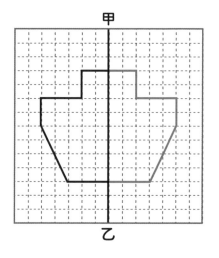

沒錯！要記得檢查長度有沒有一樣喔。

畫點對稱的圖形時找不到「對應點」

畫點對稱的圖形時，如果沒有確實把每個對應點都標正確，就會畫出線對稱和點對稱混淆的圖形。

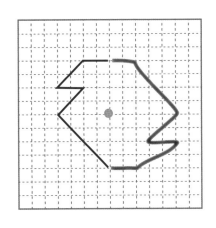

為什麼不能像線對稱一樣好畫呢……

別心急，先試著把點畫出來吧。

教學法　找出對應點後，再來連線

把每個對應點都標上代號，然後用問答的方式，幫助孩子依序找出對應的點。

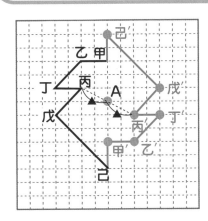

甲離A點多遠？

往上3格。

那麼甲′就在往下3格的地方。乙呢？

往上3格，往左2格。

那麼乙′就是往下3格、往右2格的地方。

把所有點都畫出來後，依序連起來就完成了。

點對稱圖形畫起來比較麻煩，可以教孩子先找出「與對稱中心距離相同的點」，然後再把所有點連起來。

 作業

※答案在p.47

①請以直線甲乙為對稱軸，畫出線對稱的圖形。

甲

乙

②請以A點為對稱中心，畫出點對稱的圖。

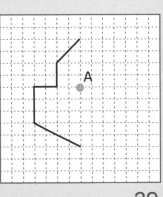

A

正多邊形與對稱

易打結度
★ ★ ☆

（例）找出正三角形的對稱軸數量、找出點對稱的多邊形

雖然觀察形狀來思考很重要，但有時整理成表格更容易理解。
如果孩子沒辦法自己畫對稱軸的話，可以準備一張正多邊形的紙，讓孩子自己摺摺看。

腦袋會打結的地方 ① 不知道正多邊形的線對稱「對稱軸」數量

遇到邊和頂點的數量較多的圖形時，孩子的腦袋比較容易混亂，所以先從正三角形和正方形開始，讓孩子用自己的眼睛觀察吧。

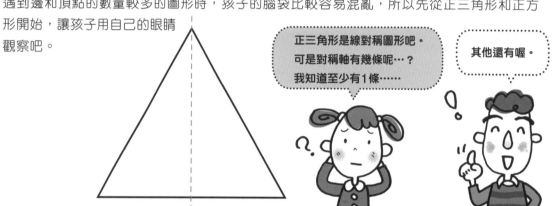

正三角形是線對稱圖形吧。
可是對稱軸有幾條呢…？
我知道至少有1條……

其他還有喔。

教學法 讓孩子知道對稱軸的數量跟邊・頂點的數量相同

利用正三角形（邊・頂點的數量為3）、正方形（邊・頂點的數量為4）當範例，數給孩子看對稱軸的數量剛好跟邊和頂點的數量相同。如果能讓孩子領悟頂點更多的正多邊形也是一樣的道理，那就再好不過了。

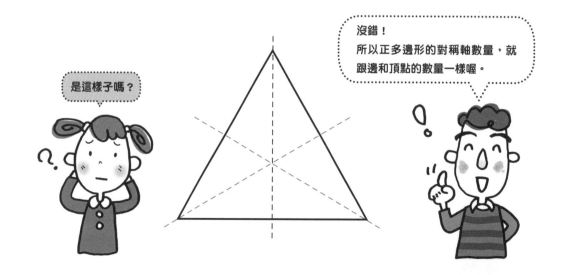

是這樣子嗎？

沒錯！
所以正多邊形的對稱軸數量，就跟邊和頂點的數量一樣喔。

搞不清楚正多邊形中，什麼樣的圖形是點對稱圖形

從各種正多邊形中挑出線對稱、點對稱的圖形，是常常出現的題型。
請幫助孩子掌握其中的規律性吧。

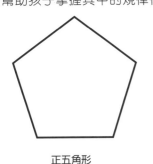

正五角形

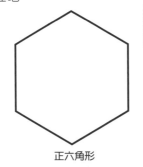

正六角形

正五邊形、正六邊形是點對稱嗎？

點對稱是什麼樣的圖形來著……？

 教學法

實際轉動圖形看看

可以在紙上畫好後剪下來，也可以直接轉動參考書或筆記。重點是讓孩子親眼看到結果。

旋轉180°後跟原本的圖形重疊，就是點對稱喔！

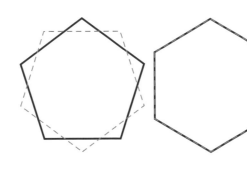

正五邊形沒有重疊。但正六邊形重疊了呢！

邊數是偶數的圖形，旋轉之後都會重疊呢。

正多邊形全部是線對稱，其中邊・頂點數量為偶數的圖形同時也是點對稱。兩者都一樣，先用邊・頂點數較少的圖形，讓孩子親眼看看結果非常重要。

作業

※答案在p.47

請完成下表。

正五角形

正六角形

正七角形

正八角形

	線對稱	對稱軸數量	點對稱
正三角形	○	3	×
正方形			
正五角形			
正六角形			
正七角形			
正八角形			

對稱的中心與對應點

易打結度
★ ★ ☆

（例）求平行四邊形的對稱中心、對應點

點對稱圖形一定有「對稱中心」和「對應點」。請訓練孩子自己找出它們吧。

腦袋會打結的地方 ❶ 用目測回答點對稱圖形的「對稱中心」

有些孩子不知道怎麼找出對稱中心，會用「大概」的方式來回答。

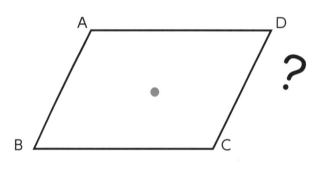

大概是在這邊
吧……？

教學法 先把一目了然的「對應點」連起來

只要把最一目了然的「對應點」連起來，在找出連線的交點，就能找到「對稱中心」。可以用言語提示孩子「把圖旋轉180°，A點會跑到哪裡？」，幫助他們找到「對應點」的所在。

哪兩個點是互相
對應的呢？

A跟C嗎？
還有B跟D？

沒錯！然後這些
點離對稱中心的
距離都相同，對
不對？

所以，
是這樣？

就是這樣！
對應點的連線所交會的地
方，就是對稱中心！

無法判斷「對應點」在哪裡

要找出在邊上的某點的對應點，必須先知道對稱中心在哪裡。請提醒孩子不要忘了這件事。

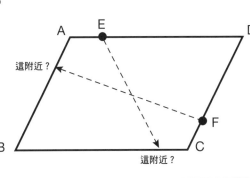

左邊的平行四邊形中，
E點和F點的對應點分別
在哪裡呢？

什麼意思？

教學法　永遠先找出對稱中心

如果不先找到對稱中心，就無法找出對應點。請幫助孩子理解對稱中心對於點對稱圖形的重要性。

那我換個說法，請問把圖形旋轉180°後，
它們分別會跑到哪裡呢？

是以誰為標準
的對面？

沒錯！所以要先找到對稱中
心，把點跟對稱中心連起來
後延長出去，跟對邊的交點
就是對應點囉。

跑到對面去。

啊！是
「對稱中心」！

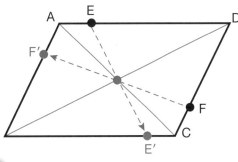

作業

※答案在p.47

下圖是一個菱形。

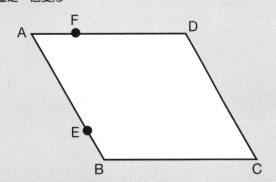
我們可以用一目了然的「對應點」
找出「對稱中心」，也可以用「對
稱中心」找出「對應點」。重點是
不要讓孩子用「大概」來回答。

①請問對稱中心在哪裡？在圖上畫出來。
②請問E點、F點的對應點在哪裡？
　請分別在圖上標出。

1 請計算下面的式子。

① 3cm2mm－1cm4mm　　　（　　　　　）

② 2m54cm－88cm　　　　（　　　　　）

③ 3L2dL－2L5dL　　　　（　　　　　）

2 請在括號內填入正確的數字。

① 2m5cm＝　　　（　　　　　cm）

② 4012mL＝　　　（　　L　　mL）

③ 308cm＝　　　（　　m　　cm）

3 請問下面的水有幾g重？

① 3300cm^3　　　② 2L5dL　　　③ 720mL

4 請回答下面甲～丁的角的角度。

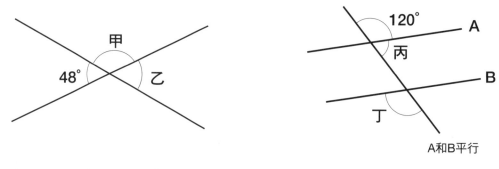

甲（　　　　）　乙（　　　　）　丙（　　　　）　丁（　　　　）

5 請畫出下面的圖。

① 通過A點，與直線甲平行的直線　　② 通過B點，與直線乙垂直的直線

6 請問圖中哪幾條線是平行、哪幾條線是垂直的？

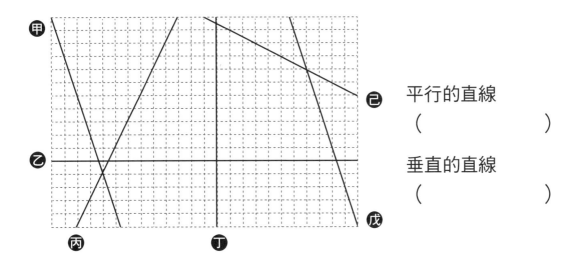

平行的直線

（　　　　　　）

垂直的直線

（　　　　　　）

7 請畫出下圖的2倍放大圖和 $\frac{1}{2}$ 縮小圖。

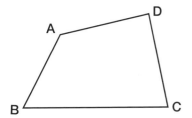

p.17

①甲100　乙10　　　丙1000
②甲10　乙1000　丙100
③1000
④甲1　　乙1000

p.19

①1cm8mm　②68cm
③700g　　　④1L6dL
⑤2m18cm

p.21

①408　　②1205　③4080
④1・5　　⑤3・75

p.23

①980g　　②2400g　③1200g
④1300g　⑤2500g

重量的單位是以1cm^3（1mL）的水為1g來決定的。
要小心變換單位的時候不要換錯。

p.24

①C　②B　③A　④D

p.25

①　　　　　　②

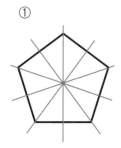 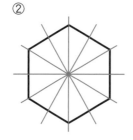

p.27

①30°　　　②90°　　　③120°
④225°　　⑤315°

p.29

甲67°　　　乙113°　　　丙60°
丁60°　　　戊120°

p.31

①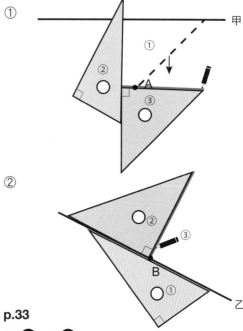

②

p.33

① 乙 跟 丁

② 甲 跟 丙、乙 跟 己

p.35
（解答例）

2倍放大圖

$\frac{1}{2}$縮小圖

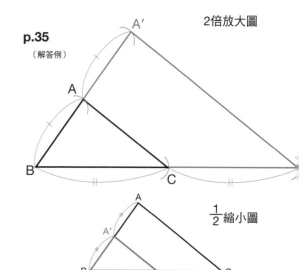

p.37

①24cm ②50°

p.39

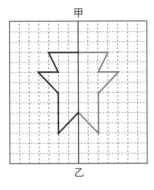

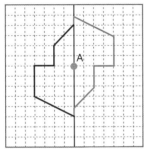

p.41

	線對稱	對稱軸數量	點對稱
正三角形	○	3	×
正方形	○	4	○
正五角形	○	5	×
正六角形	○	6	○
正七角形	○	7	×
正八角形	○	8	○

p.43

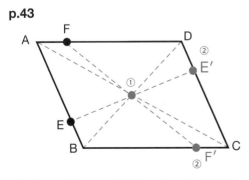

①將對應點連起來的線段交點，就是對稱中心。

②通過對稱中心的延長線與對邊的交點，就是對稱點。

p.44

1

①1cm8mm ②1m66cm ③7dL

2

①205 ②4・12 ③3・8

3

①3300g ②2500g ③720g

4

甲132° 乙48° 丙60° 丁120°

p.45

5

① A

甲

② B 乙

※畫法請參考p.31的答案。

6

（平行的直線）甲 跟 戊

（垂直的直線）乙 跟 丁、丙 跟 己

7

（解答例）

2倍放大圖

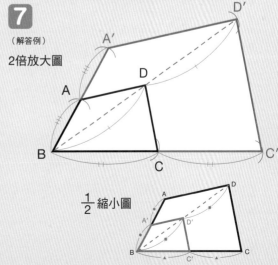

½縮小圖

運用「單位階梯」

大家在把L（公升）換成mL（毫升）、kg（公斤）換成g（公克）等，轉換體積或重量的單位時，都是怎麼思考的呢？

問題

14850g = ☐ kg

由於1kg＝1000g

14850g

⬇

由於這裡是換算成kg時的個位數
所以答案是14.85kg，可以這樣子來想。

轉換單位的時候，有個很方便的轉換方法，就是「單位階梯」。像體積和重量這種1000倍大的單位換算，只要運用7格大小的「階梯」就能輕鬆地知道答案。

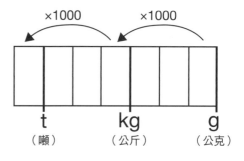

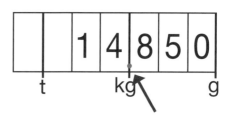

想換算成kg的時候，只需在這裡
加上小數點。

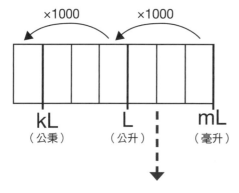

1L＝10dL，所以這裡可以再加上dL。

這麼一來就換算單位時就不會算錯了！長度（mm、cm、m、km）和面積（mm²、cm²、m²、a、ha、km²）、水的容積跟重量（cm³、mL、g的互換）也能用喔。

part3

三角形、四邊形

使用對小孩子而言最親切的
三角形與四邊形,提升他們
對幾何圖形的知識。為孩子
打好能理解各種三角形、四
邊形的性質和面積等幾何問
題的紮實基礎吧。

「三角形、四邊形」 記住這幾點，就沒什麼難的！

教學重點❶ 在作圖時能夠熟練地使用圓規、量角器

（例）
請問要畫出右邊的三角形，需要用到
①直尺
②圓規
③量角器
以上三種工具中的哪兩種呢？

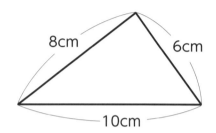

教學法 讓孩子練習使用圓規「畫出等長的線」。

因為題目中沒有提供角度，所以無法使用量角器。需要用到的工具是①直尺和②圓規。首先畫出一個10cm的邊，然後分別把圓規拉開到8cm、6cm，以線段的兩頭為圓心畫出兩個圓弧。再把兩弧的交點相連，就能畫出三角形了。

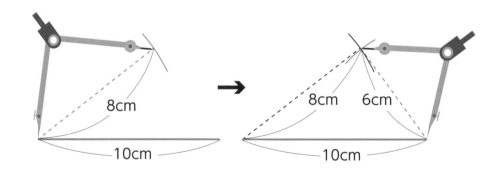

知道邊長的時候，用直尺和圓規；知道角度的時候，用直尺和量角器。

原來圓規不只能用來畫圖啊！

教學法 從特徵較少的形狀依序認識

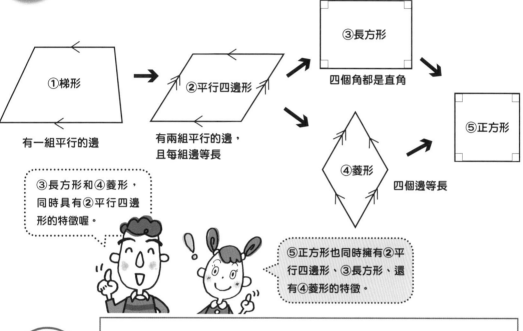

③長方形
四個角都是直角

⑤正方形

①梯形
有一組平行的邊

②平行四邊形
有兩組平行的邊，
且每組邊等長

④菱形
四個邊等長

③長方形和④菱形，
同時具有②平行四邊
形的特徵喔。

⑤正方形也同時擁有②平
行四邊形、③長方形、還
有④菱形的特徵。

依照上面的順序逐一認識，理解的速度會比毫無章法地分散
來看更快。那麼，請問上面①～⑤的四邊形，還有其他哪些
特徵呢？請把答案寫在下面甲和乙中吧。

作 業

※答案在p.78

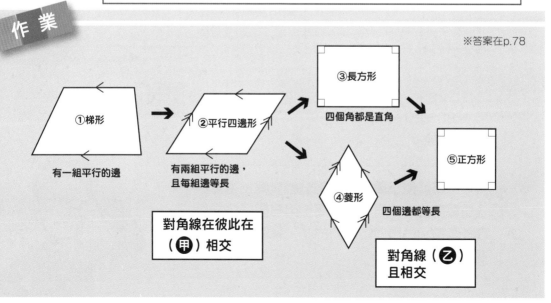

①梯形
有一組平行的邊

②平行四邊形
有兩組平行的邊，
且每組邊等長

③長方形
四個角都是直角

⑤正方形

④菱形
四個邊都等長

對角線在彼此在
（甲）相交

對角線（乙）
且相交

（例）
請求右邊圖形的面積。

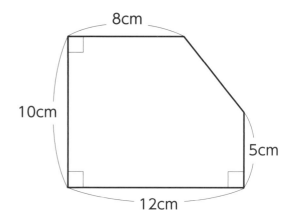

教學法 **畫出可使計算更容易的輔助線**

小孩子比起減法更喜歡加法，故較傾向用加法來想。因此請反轉思維，告訴孩子「不要用加法，改用減法來算」、「不要注意部分，注意整體」。因為有些問題用減法來算更輕鬆，所以訓練孩子能「因題制宜」會更好喔。

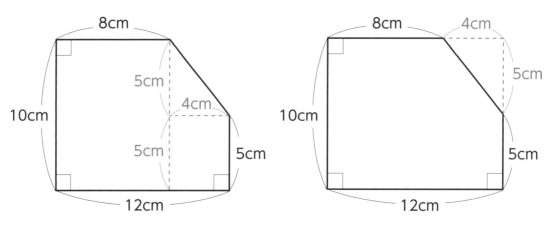

$10 \times 8 + 5 \times 4 + 5 \times 4 \div 2$
$= 80 + 20 + 10$
$= 110 \text{cm}^2$

$10 \times 12 - 5 \times 4 \div 2$
$= 120 - 10$
$= 110 \text{cm}^2$

雖然也可以像左圖這樣，用分割後再把每個部分加起來的方法思考，但這裡用右圖這種把長方形減掉三角形的方式想的話，算起來會輕鬆不少。

確實記住三角形的三個全等條件

（例）
下面的三角形是全等的。請回答全等的條件。

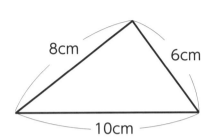

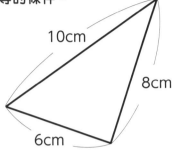

可是看起來
不一樣啊～！

教學法 **詢問孩子哪一個全等條件是成立的**

三角形的全等條件
①其中兩邊的邊長，以及這兩邊的夾角角度相等
②其中兩角的角度，以及這兩角的夾邊邊長相等
③三邊邊長相等

對於上面的三角形，
我們知道什麼呢？

我們知道三邊的邊長。
所以答案是③對不對！

作業

※答案在p.78

請問哪些圖形是全等的，它們又滿足哪幾個三角形的全等條件
（上述①～③）呢？

| 甲 | 乙 | 丙 | 丁 | 戊 |

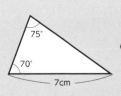

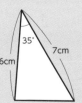

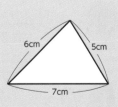

易打結度
★ ★ ☆

（例）畫出三邊長分別為8cm、6cm、6cm的三角形

只要使用圓規，即使不知道角度也能畫出三角形。所以看到孩子打算只用直尺還畫三角形的時候，請先提醒他們使用圓規吧。

> **腦袋會打結的地方** **試圖只用直尺作圖**
>
> 有時孩子會只想靠邊長來畫線。但只用直尺來畫三角形，是非常困難的。
>
>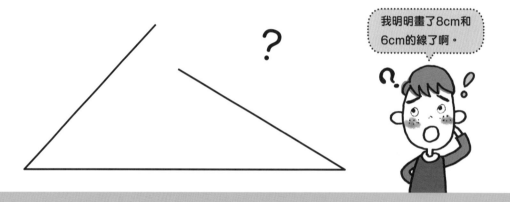
>
> 我明明畫了8cm和6cm的線了啊。

教學法 督促孩子使用圓規

當孩子們試圖只用直尺作圖的時候，首先應告訴他們可以使用圓規來畫。畫正三角形時也可以使用圓規。

1 先畫出其中一條邊

8cm

三條邊中，應該用哪條當成底邊呢？

只有一條邊的邊長跟別人不一樣耶……

2 將圓規展開到跟剩下的邊長一樣寬

3 用圓規畫出弧形

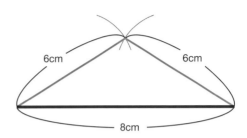

4 把圓弧的交點跟1的邊連起來

6cm　　6cm

8cm

把圓規的針插在底邊的頭尾，小心別滑掉了喔！左邊畫好後，接著畫右邊。

我也畫出來了！

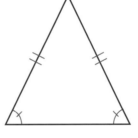

也順便和孩子一起確認等邊三角形，告訴他們等邊三角形的兩個底角大小相等吧。

只要學會作圖，對幾何圖形的理解便會一口氣加深。對於不喜歡使用圓規的孩子，或是不擅長使用圓規的孩子，請**多加練習**讓他們熟悉。

作　業

※答案在p.78

請畫出下列的等邊三角形。

① 8cm、7cm、7cm

② 4cm、4cm、5cm

③ 5cm、5cm、2cm

④ 3cm、2cm、3cm

⑤ 5cm、5cm、7.5cm

易打結度
★ ★ ★

（例）根據網格上的三點畫出平行四邊形

請多考考孩子「平行四邊形的第4個點在哪裡」。學會畫平行四邊形後，自然就會想通為什麼要這樣畫了。

腦袋會打結的地方

不知道第4個點要點在哪裡

重點在於多練多畫，從錯誤中學習。

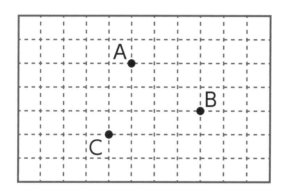

> 好像可以有很多種畫法耶……

教學法

總而言之動手畫畫看

實際動手摸索答案之「從錯中學」的能力，對學習數學也是很重要的能力。即使沒法畫出漂亮的平行四邊形，也要鼓勵孩子畫畫看，並陪孩子一起思考有沒有更正確漂亮的點。

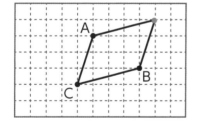

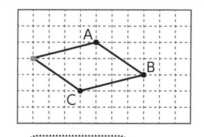

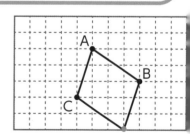

> 是這裡！

> 這裡好像也可以。

> 這裡也有一個！

一共可以畫出幾個平行四邊形？

可以畫出三個！

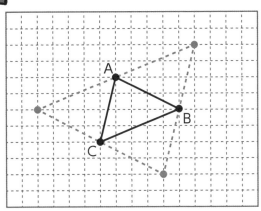

把點A、B、C連成的三角形當成被切成一半的平行四邊形，再來尋找第四個點就行了喔！

實際動手練習畫圖，是非常重要的一件事。至於「為什麼這樣畫」，可以等畫好後再來想。

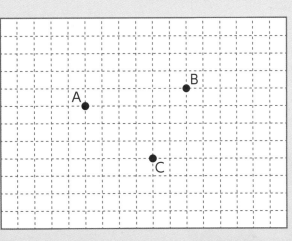

作 業

※答案在p.78

請畫出以下圖的點A、B、C為頂點的平行四邊形。

4年級 各種四邊形① 四邊形的對角線

易打結度
★ ☆ ☆

（例）從對角線類推四邊形

總而言之讓孩子把對角線的端點連起來，畫出一個四邊形吧。對於差異比較細微、不容易區分的圖形，就從四邊形的性質來思考。

腦袋會打結的地方 ① 無法從對角線想像出四邊形的模樣

如果孩子記不住四邊形的對角線特徵，就讓孩子先練習把對角線的端點連起來看看。

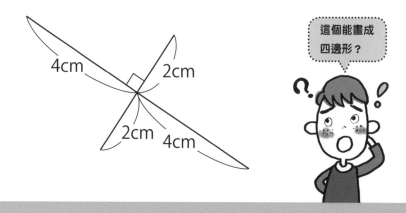

這個能畫成四邊形？

教學法 把線的尾端相連

因為是已給定的對角線，所以只要把端點連起來就能畫出四邊形。當孩子無法聯想到四邊形，或是不理解為什麼可以畫出四邊形時，就讓孩子多畫幾個四邊形及其對角線。

「對角線」已經有了，現在試試看把尾巴連起來。

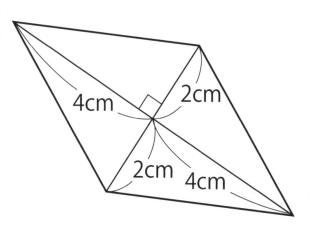

變成四邊形了！

腦袋會打結的地方 ② 會混淆具有類似性質的不同四邊形

有時孩子們會被四邊形的方向弄昏頭，無法正確找出圖形的特徵。

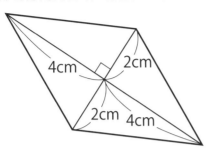

4cm 2cm
2cm 4cm

這不是平行四邊形吧？

教學法 告訴孩子對角線也有特徵

四邊形可以從對角線讀出很多資訊。家長們可以整理出每種四邊形的特徵，列出來讓孩子複習。

它的對角線是垂直相交的喔。

哦哦，是菱形！

小孩子常常用圖形的方向來認形狀，因此非常容易轉個方向就被弄昏頭。所以請幫助孩子不要用圖形的方向，改用對角線的特徵來思考。

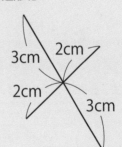

作業

※答案在p.78

請問擁有下圖對角線的四邊形，
分別是哪種四邊形呢？

①
3cm 2cm
2cm 3cm

②
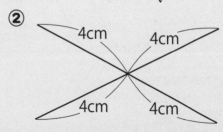
4cm 4cm
4cm 4cm

③
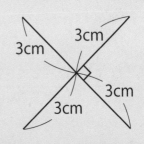
3cm 3cm
3cm 3cm

59

易打結度
★ ★ ★ （例）用表格統整各種四邊形的特徵

不要一下子就讓孩子把整張表填完，請先讓他們實際畫畫看，確認每種四邊形的邊長、角度、對角線長度和相交方式，幫助他們回想。

腦袋會打結的地方 對每種四邊形的特徵只有籠統印象

對於不同的四邊形，如果沒有可一眼看出特徵的圖對照，就沒法自己畫出來。

四邊形的名稱 特徵	梯形	平行四邊形	菱形	長方形	正方形
①2條對角線垂直相交					
②2條對角線等長					
③2條對角線相交於彼此中點					
④所有角都是直角					
⑤對邊互相平行					
⑥邊長全部相等					

> 畫成表看起來好難喔……

教學法 總而言之實際畫畫看

讓孩子參考課本或參考書上的圖，畫出各種不同的四邊形，並讓他們說出這種四邊形的特徵。

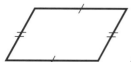
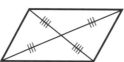

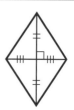

> 平行四邊形擺成這個方向就很好判斷呢。

> 對邊互相平行，對角線相交於中點。

> 平行四邊形是③和⑤！

> 菱形擺成這個方向就很好懂了吧。

> 對邊互相平行，而且全部等長。對角線相交於中點。

> 菱形是①、③、⑤、⑥！

長方形是……
②、③、④、⑤！

正方形就像四邊形的大王呢。①～⑥全部符合！

梯形全部都不符合。

請讓孩子仔細觀察課本上的四邊形，然後自己動手畫畫看，檢查其特徵。如此一來，就能內化為永不忘記的知識。

作 業

※答案在p.78

請問圖中的甲～丁分別是哪種四邊形？

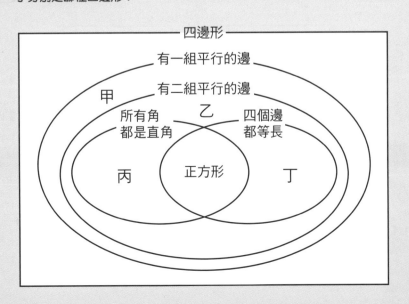

四邊形
有一組平行的邊
有二組平行的邊
甲
所有角都是直角　　乙　　四個邊都等長
丙　　正方形　　丁

長方形的面積

易打結度
★ ★ ★

（例）求L字形或Ｃ字形的圖形面積

雖然處理複雜的圖形也會用到「切分加總」的方法，但「減去不要的部分」的題目出現頻率更高。

腦袋會打結的地方

無法用「把大四邊形中不要的部分拿掉」的方式思考

一旦孩子對「減法」產生抗拒心理，就很容易習慣用「切分加總」的思維來解題。不過有些題目用這種方法來解，步驟會比較繁瑣，非常容易犯錯。

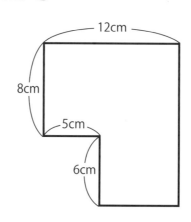

長方形的話就很簡單了……

教學法

換成好計算的形狀

學會用「切分加總」的方式解題後，引導孩子學會「減去不要的部分」的思考方式，也非常重要。

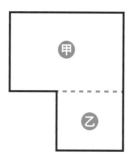

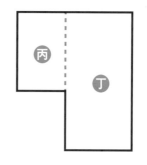

該怎麼算才好？

可以切成上下兩部分呢。

右邊跟左邊好像都可以算。

還有其他方法嗎？

甲 $8 \times 12 = 96$

乙 $6 \times (12 - 5) = 42$

甲 ＋ 乙 ➡ $96 + 42 = 138 cm^2$

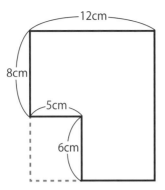

$$(8+6)\times12-6\times5=168-30$$
$$=138cm^2$$

用這個方法算，有時計算步驟會更少。

也可以用大四邊形減小四邊形呢。

也來算算看這種形狀吧！

該怎麼算呢？

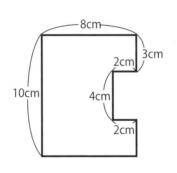

這題也一樣可以用減法。
是 $10\times8-4\times2=72cm^2$ 對不對！

的確有很多題目可以用「切分加總」得到正解，但因為「減掉不要部分」的思考方式，在其他題型中也常常用到，所以學會會更好喔。

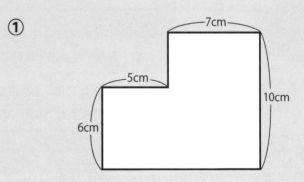

作業

※答案在p.78

請計算下面圖形的面積。

①

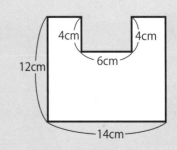

②

三角形、平行四邊形的高

易打結度
★ ★ ★

（例）求網格上的圖形面積

有些孩子遇到鈍角時會不知道高要怎麼算。請幫助孩子理解「高就是與底邊同高的位置到最高點的長度」吧。

**腦袋會打結
的地方**

不曉得「高」這個詞指的是圖的哪個部分

有些孩子會不曉得高到底要數方格紙上的哪個部分。

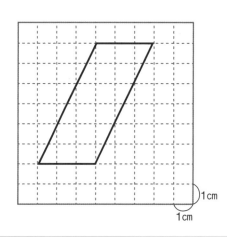

1cm
1cm

平行四邊形的面積公式是底×高。假如底邊是3cm，那斜邊就是高嗎？

教學法

告訴孩子從與底邊同高的地方，到最高處的長度就是「高」

不能只從圖形來思考，必須把底邊延長來想。請開口提點孩子，幫助他們發現這點。

從與底邊同高的地方，到最高處的長度就是所謂的「高」喔。

到最高點的長度

3cm

與底邊同高度

1cm
1cm

做得很好喔！

高是6cm？

我知道了，是
3×6=18cm^2！

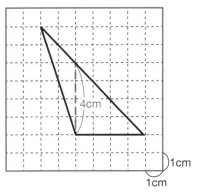

這個圖的面積呢？

底邊是4cm……
高也是4cm？

她數的是底邊
尾端的垂直線
與斜邊的交點
啊……

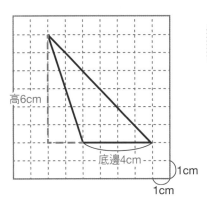
高6cm
底邊4cm

是從與底邊同高的地方，到最高處的長度喔。

是6cm！原來高就是從底邊的高度往上畫垂直線，到圖形最高點的距離！

面積是
4×6÷2=12cm²！

作　業

※答案在p.78

請計算下圖的面積。

「跟底邊同高的地方」，
換言之，高就是從底邊的
延長線到圖形頂點的垂直
線。請循循善誘，引導孩
子把這點記在心裡。

①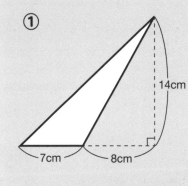
14cm
7cm　8cm

②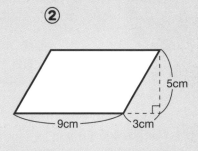
5cm
9cm　3cm

③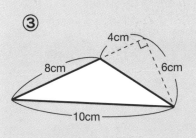
4cm
8cm　6cm
10cm

④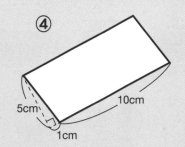
10cm
5cm
1cm

65

三角形的面積

（例）根據面積求出三角形的高或邊長

別讓孩子只會「底邊×高→面積」的單方向思考，也讓他們多練習用面積公式反求高或邊長吧。

腦袋會打結的地方

無法「利用公式逆推」

有時孩子會把公式當成「套進去產生答案的工具」，不懂得「利用已知的條件，求出未知數」的算法。

面積是90cm²

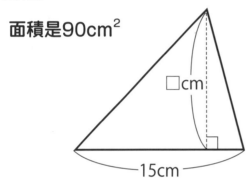

雖然我記得求三角形面積的公式是底邊×高÷2＝面積⋯⋯

教學法

提醒孩子「我們已經知道面積（答案）了對不對？」

很多孩子會以為面積公式「只能用來計算面積」。所以請出聲提點孩子，引導他們把已知答案的公式寫下來看看。

已經知道面積是90cm²，然後底邊×高÷2＝90對不對？

對了！
除以2等於90，所以是15×□＝180！

也就是說□＝180÷15，是12cm！

就是這樣！

$$底邊 \times 高 \div 2 = 90cm^2$$
$$15 \times \square \div 2 = 90cm^2$$
$$15 \times \square = 180$$
$$\square = 180 \div 15$$
$$\square = 12cm$$

面積是56cm²

那這個
三角形呢？

這次是不知道底邊的長呢。不過就跟剛剛一樣，只要反推□×8÷2＝56就可以了。

□×8÷2＝56
□×8＝112
□＝112÷8
□＝14cm！

答對！

對小學生而言，公式就是「用來計算『＝』右邊答案的東西」。請陪孩子一起反推已知答案的公式，熟悉這樣的思考方式吧。

作 業

※答案在p.78

請求出□內的數字。

①面積是68cm²

17cm
□cm

②面積是48cm²

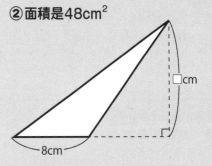

□cm
8cm

③面積是88cm²

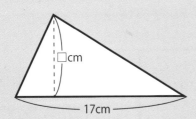

11cm
□cm

④面積是126cm²

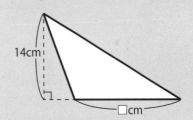

14cm
□cm

複合圖形的面積

易打結度
★★★

（例）求四邊形中的道路面積、
求四邊形中道路以外部分的面積

請讓孩子體驗移動圖形、發揮創意使面積更好算的樂趣。這是在普通枯燥的算法外，讓孩子認識其他思考方式的重要機會。

腦袋會打結的地方 ① 沒有發揮創意「降低計算難度」的念頭

如果只會用一個一個求的方式計算被分割的圖形面積，就無法找到難題的突破口。

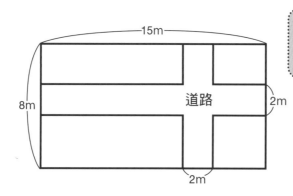

要算道路部分的面積，因為旁邊還有重疊的部分，好難想喔……只能分成五塊來算了嗎……。

教學法 提點孩子「如果道路是在最邊邊的話呢……？」

這其實就是「平移法」，但不要一下子告訴孩子結論，運用「如果把這條路挪到圖的最邊邊，面積會改變嗎？」的提問，引導孩子自己想出解法吧。

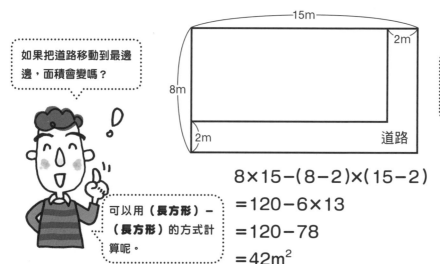

如果把道路移動到最邊邊，面積會變嗎？

不過還是有重疊的部分……啊、道路以外的部分其實是長方形！

可以用（**長方形**）－（**長方形**）的方式計算呢。

$8×15-(8-2)×(15-2)$

$=120-6×13$

$=120-78$

$=42m^2$

腦袋會打結的地方 ❷ 沒有發現底邊和高相同的長方形與平行四邊形，面積也相等

有些孩子看到平行四邊形跟長方形混雜的圖形會陷入混亂。

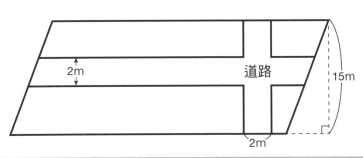

> 道路以外的面積……？
> 沒辦法像剛剛一樣整齊地移動耶……

教學法　助孩子發現底邊和高相同的長方形和平行四邊形，面積也相同

因為長方形是「長」和「寬」，而平行四邊形是「高」和「底」，所以孩子們很容易把兩者當成不同的東西。不過畫成圖的話，孩子馬上就能發現長方形的「長」其實就是「高」，「寬」就是「底邊」。

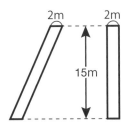

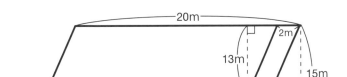

$$18×13=234m^2$$

> 若長（高）和寬（底邊）的長度一樣，面積會不會變？

> 兩個都是
> 2×15=30cm²！

> 把道路都移到邊邊了！要求的是「道路以外」的部分，所以只要計算內側的平行四邊形面積就行了呢。

小孩子一開始可能會對自由（隨便）移動圖形這件事有所抵抗。請幫助他們發現只要底邊和高不變，面積就不會變這件事。

作業

※答案在p.78

請回答下面的問題。

①長9m，寬12m的土地上，鋪有兩條1m寬的道路。求道路的面積。

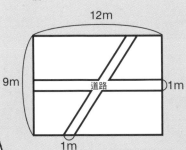

②平行四邊形的土地上，鋪有兩條2m寬的道路。求道路以外部分的面積。

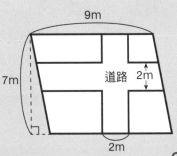

全等的圖形① 什麼是全等

易打結度

★ ★ ★

（例）從圖中找出全等的圖形

圖形的形狀、大小完全相同，稱之為「全等」。請讓孩子有「完全重疊才是全等」的認知。其中「翻轉」的圖形也算在內。

腦袋會打結的地方

因為「形狀差不多」就以為是全等

如果以為「全等＝相同形狀」，就容易誤選到長得很像的圖形。

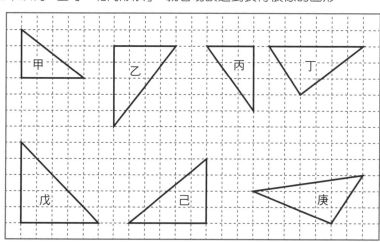

甲跟丙的大小差不多，應該是全等吧。乙跟己也差不多。丁也是嗎……？

教學法

在已知的地方寫上長度

圖形問題基本的應對方式之一，就是「在已知長度的邊寫上長度」。請鼓勵孩子們這麼做。

全等的圖形，大小也應該一樣對不對？

就是這樣！三角形只要其中兩邊的長度及同兩邊的夾角一樣，就會長得一樣。直角三角形應該很好理解對吧？

所以邊長和角度都要一樣嗎？

甲、乙、丙、戊、己是直角三角形。那先把長度寫上去看看。

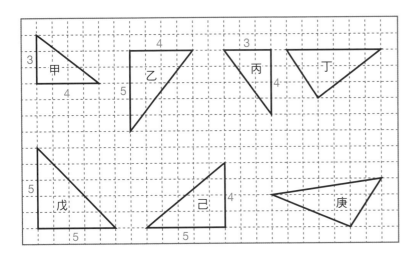

這樣看起來清楚多了呢。甲跟丙、還有乙跟己是全等！用「差不多」去想原來是錯的。

只要其中兩邊的邊長相同，且這兩邊的夾角角度一樣，兩個三角形就是全等的。如果題目中有網眼的話，就利用網眼標上長度。

作業

請找出全等的圖形。

※答案在p.78

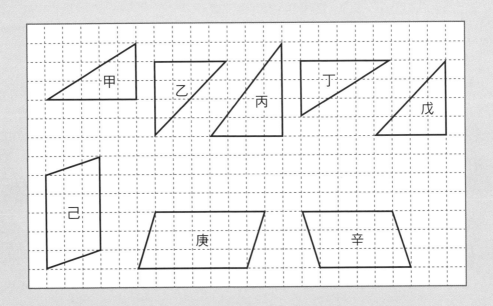

易打結度
★ ★ ★

（例）畫出與圖中圖形全等的三角形

畫全等的三角形時，記住三角形的全等條件很重要。依照條件的不同，作圖用到的工具也不一樣。

| 腦袋會打結的地方 | **不知道要從何畫起、用什麼畫** |

如果不知道三角形的全等條件，就會不知道該用哪種工具，又如何畫出全等的三角形。

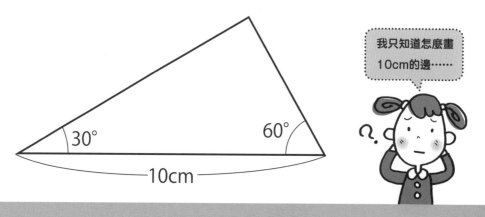

我只知道怎麼畫
10cm的邊……

教學法 助孩子回想三角形的全等條件

請出聲提醒孩子，引導他們思考可以用三個全等條件中的哪一個來作圖。只要知道要利用哪種條件，自然也會明白該用直尺、圓規、量角器中的哪幾種來畫。

三角形的全等條件
我們學過了對不對？

嗯。我記得是
①其中兩邊長，與這兩邊的夾角大小相等。
②其中兩個角的角度，與這兩角的夾邊邊長相等。
③三邊邊長都相等。

這張圖屬於
哪一種呢？

是②。

那應該用什麼來畫呢？

用量角器量角度就行了！

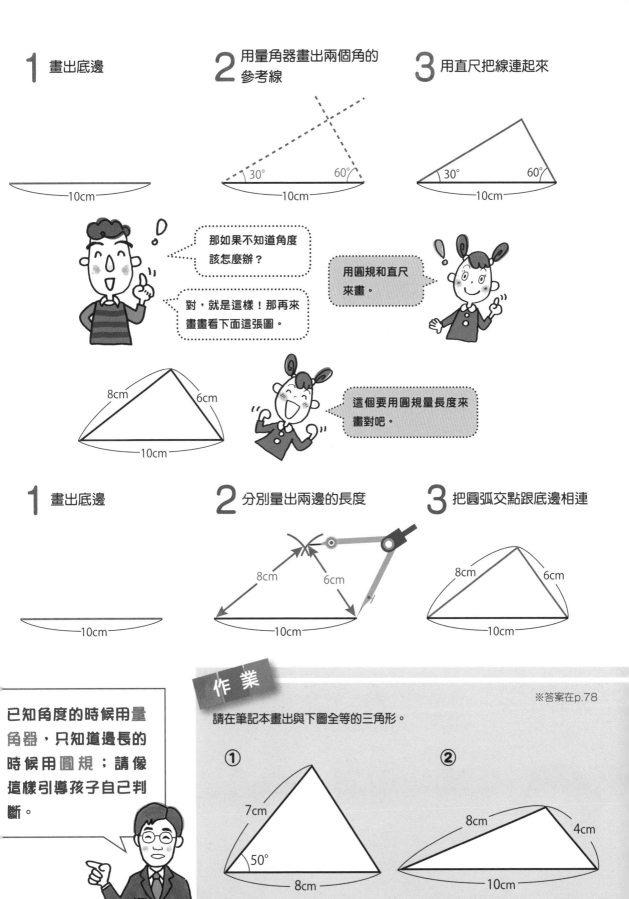

三角形的角度

（例）從重疊的三角形中求角度

易打結度
★ ★ ☆

組合多個三角形，就能組出各種不同的角，所以有時孩子們會把多餘的角也全部算出來。重要的是推導答案的「策略」。

腦袋會打結的地方

盲目地計算角度

求某角角度的重點，包含三角形的內角和外角等。但若腦中沒有擬好要用哪幾個角來推導的「策略」，就很容易粗暴地把「所有已知的角度」都寫上去，反而讓自己更混亂，浪費了答題的時間。

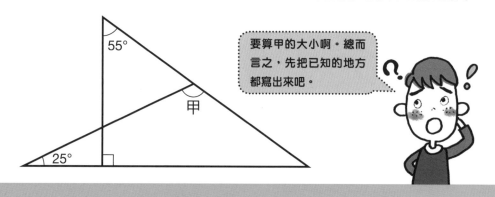

> 要算甲的大小啊。總而言之，先把已知的地方都寫出來吧。

教學法 提示孩子只計算需要的角度

思考要用哪些知識、運用哪種方法來解題，就叫做「策略」。只要找到正確的策略，就能流暢地解出答案。請利用「我們現在知道什麼呢？」、「你覺得可以用什麼來解呢？」的提問，推動孩子去思考策略。

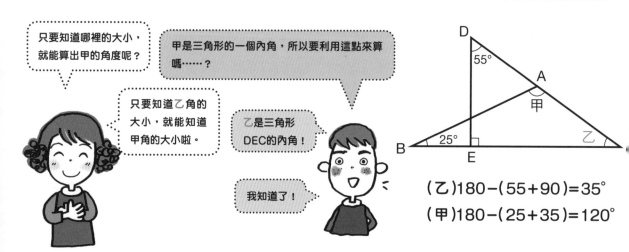

> 只要知道哪裡的大小，就能算出甲的角度呢？

> 甲是三角形的一個內角，所以要利用這點來算嗎……？

> 只要知道乙角的大小，就能知道甲角的大小啦。

> 乙是三角形DEC的內角！

> 我知道了！

（乙）180－（55＋90）＝35°

（甲）180－（25＋35）＝120°

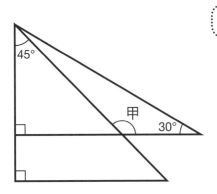

這個圖的甲是幾度呢？

雖然這個方法也是可以……

一樣用三角形的內角來算嗎……

對了！是三角形的外角。甲角是45+90=135°！

沒錯！

$$45° + 90° = 甲$$
$$甲 = 135°$$

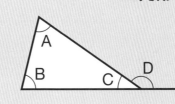

三角形的外角

$$A + B + C = 180°$$
$$C + D = 180°$$
所以，$A + B = D$

當小孩子想出「聰明的方法」時，就算最後還是算錯了，也請給予他們讚美。思考「比現在更好的方法」，有助於提升孩子的算數能力。

作 業

※答案在p.78

求甲～丙角的大小。

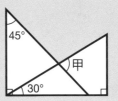

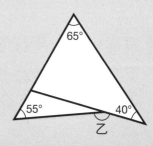

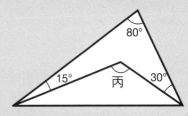

1 請畫出以點A、B、C為頂點的平行四邊形。

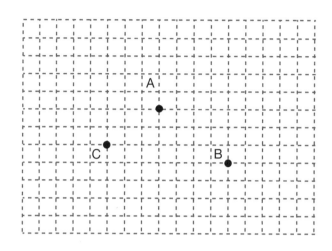

2 請問擁有以下①～③對角線的四邊形，分別是哪種四邊形。

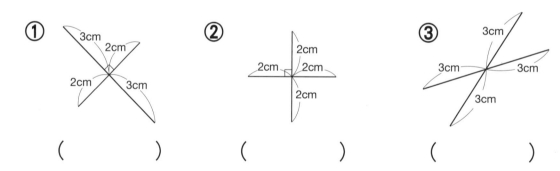

① (   )   ② (   )   ③ (   )

3 請從梯形、平行四邊形、菱形、長方形、正方形中，填入符合下文描述的四邊形。

①對角線垂直相交（   ） （   ）

②對角線彼此相交於中點

（   ）（   ）（   ）（   ）

③只有一組平行的邊（   ）

④兩條對角線的長度相等（   ）（   ）

4 求下面圖形的面積。

①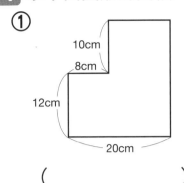

10cm
8cm
12cm
20cm

( )

② 1m寬道路以外的土地面積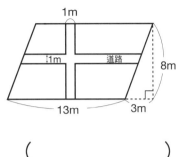

1m
1m 道路
8m
13m 3m

( )

5 求□內的正確數字。

① 面積為108cm²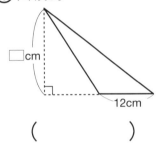

□cm
12cm

( )

② 面積為120cm²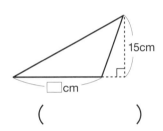

15cm
□cm

( )

6 請找出全等的圖形。

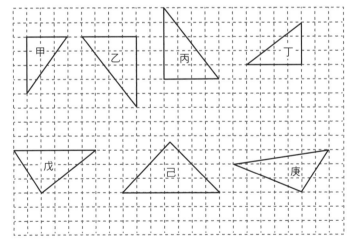

甲 乙 丙 丁

戊 己 庚

( )

7 求下面甲～丙角的角度

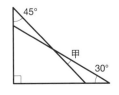

45°
甲
30°

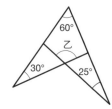

60°
乙
30° 25°

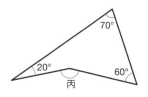

70°
20° 60°
丙

p.51

甲 中點（正中間、中央）　　乙 垂直

p.53

甲和丁、①

p.55

①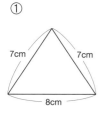
7cm　7cm
8cm

②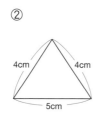
4cm　4cm
5cm

③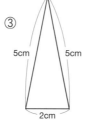
5cm　5cm
2cm

④
3cm　3cm
2cm

⑤
5cm　5cm
7.5cm

p.57

只要在下圖中其中一點畫出頂點，並把所有頂點連起來即可。

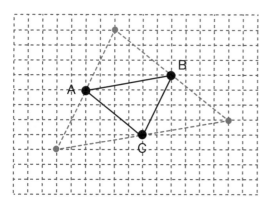

p.59

①平行四邊形　②長方形　③正方形

p.61

甲 梯形　　乙 平行四邊形
丙 長方形　丁 菱形

p.63

①100cm²　②144cm²

p.65

①49cm²　②45cm²
③24cm²　④50cm²

p.67

①8　②12
③16　④18

p.69

①20m²　②35m²

p.71

甲和丁
乙和戊
己和辛

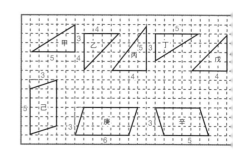

p.73

①

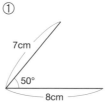
7cm
50°
8cm

畫出8cm的邊，用量角器量出50°，再畫出7cm的邊。

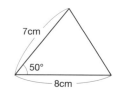
7cm
50°
8cm

把邊的端點連起來就完成了！

②

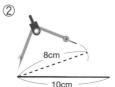
8cm
10cm

畫出10cm的邊，再從左邊用圓規標出8cm的位置。

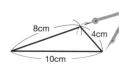
8cm　4cm
10cm

從10cm的邊的右端標出4cm的位置，再將兩條參考線的交點與10cm的邊相連就完成了！

p.75

甲 75°　　乙 160°　　丙 125°

p.76

1

在下圖中擇一位置畫出頂點，用線連起來。

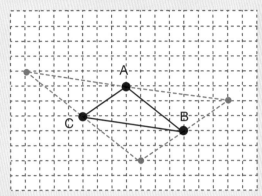

2

①菱形
②正方形
③長方形

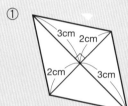
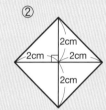
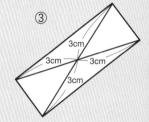

3

①菱形・正方形　②平行四邊形、菱形、長方形、正方形
③梯形　④長方形・正方形

※順序可不同

p.77

4

①360cm²　　　（10＋12）×20－10×8＝360
②84m²　　　　（13－1）×（8－1）＝84

5

①18　　　12×□÷2＝108　　　108×2÷12＝18
②16　　　□×15÷2＝120　　　120×2÷15＝16

6

甲和丁、乙和丙

7

甲　15°
甲＋30＝45
甲＝45－30
甲＝15

乙　115°
可如下圖畫輔助線。相交直線上的對角角
度相等，且三角形的內角和等於180°，所
以60＋30＋25＋○＋△＝180°
60＋30＋25＋○＋△＝180°
同時，乙＋○＋△＝180°
所以，
60＋30＋25＝乙
乙＝115

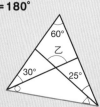

丙　150°
可如下圖畫輔助線。由於三角形
的內角和等於180°，所以
70＋20＋60＋●＋▲＝180°
同時，丙＋●＋▲＝180°
所以，70＋20＋60＝丙
丙＝150

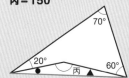

☆的角，角度總和是固定的!?

大家都有看過右邊這樣的圖形吧？在☆形中，標有記號的甲～戊角，角度總和其實是固定的喔。

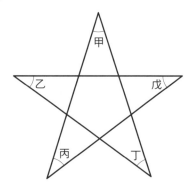

甲＋乙＋丙＋丁＋戊＝？

一如右圖，因為三角形的三個角總和為180˚，所以可以算出角A和角B的總和，與最後一角角C的相鄰角角D大小相等。

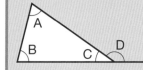

【三角形的外角】

A＋B＋C＝180˚

C＋D＝180˚

所以，A＋B＝D

在上圖中，
甲＋丙＝己。

上圖中，
乙＋丁＝庚。

換言之，甲＋乙＋丙＋丁＋戊就跟戊＋己＋庚一樣大，不用算也知道答案是180˚。像這樣不可思議的圖形，其他還有很多。請大家也試著想想看還有哪些吧。

part4

圓

因為圓周率為3.14，所以計算圓的題目可以鍛鍊小數的計算能力。同時還可以練習多邊形的組合，應用範圍很廣，可紮實地提升孩子的算數能力。

「圓」
記住這幾點，就沒什麼難的！

 認識半徑、直徑、圓心、圓周、圓的面積！

圓就是圓圓的圖形。讓孩子瞭解「圓圓的」定義非常重要。

3年級 什麼是圓心、直徑、半徑？

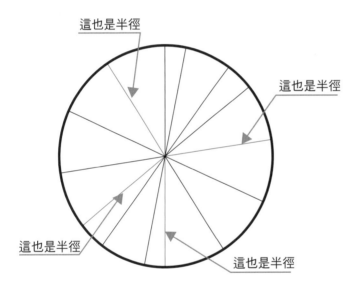

這也是半徑

這也是半徑

這也是半徑

這也是半徑

從圓心到圓上的連線長度全部一樣。這就是半徑。

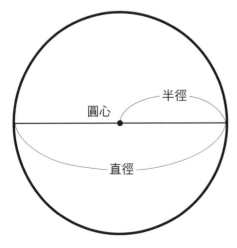

半徑

圓心

直徑

可是，那個圓心又是哪裡呢？

把圓對摺八次

❶ 準備一張圓形的紙　　❷ 將紙對摺　　❸ 再對摺

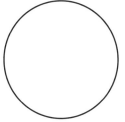 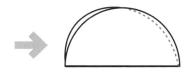

❹ 再對摺　　　　　　❺ 把紙攤開

半徑

圓心

直徑

在使用圓規前，先把圓對摺再攤開，讓孩子用眼睛感受圓心、直徑、半徑的意義，增進他們的理解。首先，由家長畫出一個漂亮的圓，從讓孩子用剪刀把圓剪下來開始吧。

用圓規讓孩子感受

下圖的甲～己的長度全部是2cm，先讓孩子用直尺量量看吧。

把圓規的針插在Ⓐ上，讓孩子畫一個大小不超出框框的圓。接著再如同左邊的甲～己，讓孩子用直尺量量看各條半徑的長度。

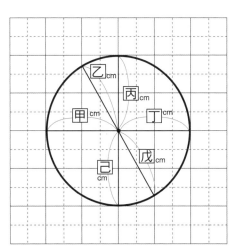

乙cm
丙cm
甲cm
丁cm
戊cm
己cm

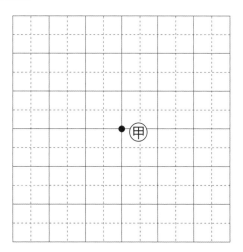

●甲

 所謂的圓……就是圖形上的每一點，離某個特定點的距離全部相同的形狀。

教學法 準備三個家中可以找到的圓筒狀物品，讓孩子實際測量圓周，感受圓周是什麼。

❶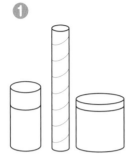

❷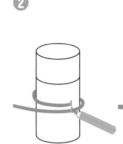

❸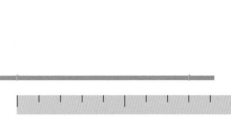

準備幾個圓筒狀的物品。（水瓶、衛生紙筒等，上下粗細度相同的物品。）

用線繞著❶纏一圈，然後用麥克筆畫上記號。

用直尺測量記號到記號的長度。

❹

用直尺測量❶的直徑，讓孩子看到圓周長大約等於直徑的3倍。

再拿另外兩個圓筒狀物品，重複步驟❶～❹後，請直接告訴孩子「圓周的長度，約等於直徑的3.14倍喔」。

※直接告訴孩子「圓周約是直徑的3.14倍」，有時孩子並不能完全理解。

6年級 什麼是圓的面積？

教學法 把圓細分成數等分後，重新組合成近似四邊形的形狀

❶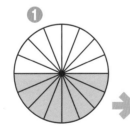

❷

約等於半徑

約等於圓周的一半

❸

半徑

圓周的一半

（直徑×3.14÷2＝半徑×3.14）

把一個圓盡可能細分成數等分，然後將其中一半塗上顏色區分。

把兩種不同顏色的小塊組合起來，讓孩子看到圓可以重新組合成近似四邊形的形狀。

寫出這個類四邊形的長和寬。

❹換言之，圓的面積就是

$$❸的長×寬＝半徑×半徑×3.14$$

（❸的長） （❸的寬）

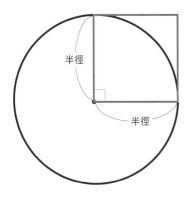

半徑×半徑，就是上面紅色正方形的面積。

等孩子記住圓的面積公式後，請再告訴他們「圓的面積就是以半徑為邊長之正方形面積的約3.14倍」。

※直接告訴孩子「圓的面積，大約是以圓半徑為邊長之正方形面積的3.14倍」，有時孩子並不能完全理解。

作業

※答案在p.106

請問下圖圓周長跟直線的長度，何者比較長？請在較長的那方打○。

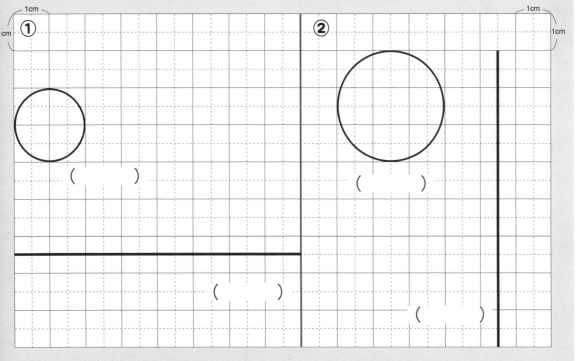

3年級 用圓規畫圓

（例）畫一個半徑3cm的圓

對大人而言很簡單的事情，對小孩來說，卻容易落入陷阱。請教導孩子作圖的訣竅吧。

腦袋會打結的地方　### 畫不出工整的圓

畫圓的每個步驟都有其訣竅。只要知道這些訣竅，任誰都能畫出漂亮的圓。

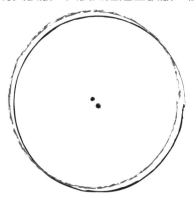

圓心不小心跑掉，結果變成兩條線了！

教學法　把每個動作要注意的地方告訴孩子

重點！

- ●將圓規展開至與半徑同寬
- ●將圓規的針尖放在圓心上
- ●旋轉圓規的軸腳，畫出弧線

〔如何挑選圓規〕

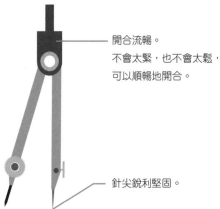

開合流暢。
不會太緊，也不會太鬆，
可以順暢地開合。

針尖銳利堅固。

〔畫圖前的準備〕

‧把鉛筆（芯）的那端削尖。

‧使鉛筆（芯）的筆尖高度對齊針尖。

1 把圓規張開至與半徑同寬

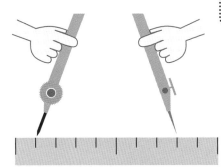

把圓規放在桌上，一手抓住有針的那邊，一手抓住鉛筆（芯）那邊。

2 把圓規的針尖
插在圓心上

我的手會抖，
針老是跑掉～！

不是抓圓規的上面，改抓靠近針的地方，再插在紙上試試。等刺好後再把手移回圓規的上面。

3 旋轉圓規畫出圓

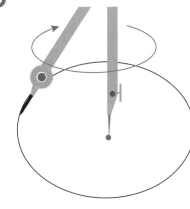

終於畫出來了！

畫圓的時候，圓規微微朝移動的方向傾斜，可以畫得更漂亮。請盡量讓孩子練習多畫幾次吧。

作 業

※答案在p.106

①請以甲和乙為圓心，各畫一個半徑2cm的圓。
②請以丙為圓心，畫一個半徑4cm的圓。

·　　　·　　　·

甲　　　丙　　　乙

圓與四邊形

易打結度
★ ★ ★

（例）求剛好可塞進半徑3cm圓內的長方形之長寬

也就是根據圓的半徑，求外側長方形框框的長寬的問題。此題型的關鍵在於題目的半徑往往會畫成斜的。

| 腦袋會打結的地方 | **無法連接半徑和邊長** |

此學年的孩子雖然知道半徑不論在哪裡都等長，卻不知該怎麼活用這一點來解題。

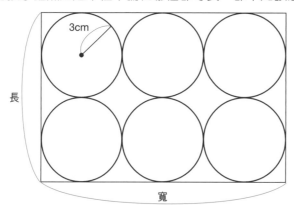

只有這條斜線，算不出長和寬啦。

教學法　畫輔助線

畫出通過圓心，橫向和縱向的直徑線。只要畫出一眼就能看出是半徑和直徑的線，孩子應該會比較容易理解。

1 畫出通過圓心的長寬線

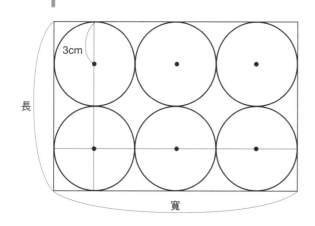

你試試把通過圓心的橫線和縱線全部連起來看看。然後再把圓的半徑長寫上去。

呃呃……

2 畫出直徑的記號

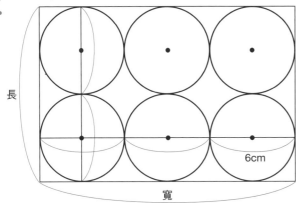

長

寬

6cm

再來畫上記號,標出圓的直徑。請問直徑是幾cm呢?

6cm!

3 計算長方形長和寬的長度

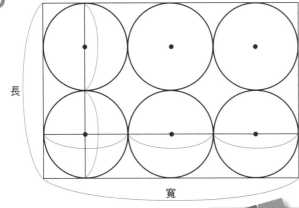

長

寬

長剛好等於2個直徑,
寬剛好等於3個直徑。

（長）6cm×2＝12cm
（寬）6cm×3＝18cm

幾何圖形的題目,光用看的很難解出來。但只要實際動手自己畫畫看,孩子就會自己領悟開竅。請家長們適時給予孩子「畫圖的建議」。

 作業

※答案在p.106

甲

乙 4cm

丙

丁

戊

己

庚

辛

壬

左圖有四個半徑4cm的圓,剛好可塞進一個長方形內。

①請問這個長方形的長是幾cm?

②請問從乙到丁的長度是幾cm?

③請問從乙到辛的長度是幾cm?

易打結度
★ ☆ ☆

（例）使用一個半徑2cm的圓，畫出
邊長為2cm的正三角形

利用「圓的半徑無論在哪裡都一樣長」的特性。把半徑轉向不同方向，讓孩子實際感受看看非常重要。

腦袋會打結的地方	**不會用圓規**

有時孩子會想只用直尺來解題，所以最好讓他們習慣運用圓規。

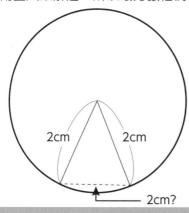

2cm　　2cm

2cm?

儘管知道其中兩個2cm的邊怎麼畫，不過剩下的那個該怎麼辦呢？

教學法　使用圓規，畫出花瓣的形狀

比起只以學會解這種題型為目的，不如給予提示，讓孩子自己發現圓和圓規的性質，對於未來的學習更有幫助。

1 在紙上畫一個任意大小的圓

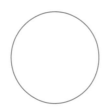

2 把圓規的針插在1的圓周上，再畫一個相同大小的圓

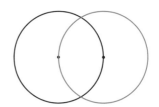

3 把圓規的針插在兩圓的交點上，再畫兩個相同大小的圓

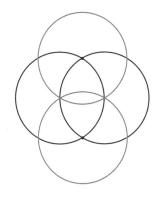

4 把圓規的針插在各圓的交點上，依序畫出相同大小的圓

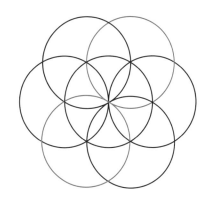

5 注意正中央的那個圓，找出隱藏在其中的花瓣形狀

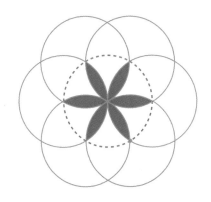

好漂亮的圖案喔！

6 讓孩子看看圓中藏著6個正三角形

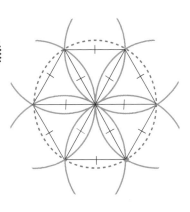

7 回到原本的問題，把圓規的針插在圓周的任意點上，畫一個半徑2cm的半圓

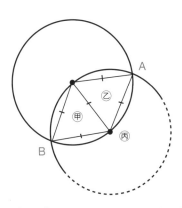

甲和乙都會是正三角形。將原本的圓的圓心、丙、以丙為圓心的圓和第一個圓的任意交點（A、B）相連，就能畫出一個正三角形。

請讓孩子一邊體會畫花瓣的樂趣一邊作圖。推薦各位家長可以為圖形填上不同顏色。這麼做有助於增進對圓的理解喔。

※答案在p.106

作 業

請利用下圖的圓和圓心，畫出一個等邊三角形。

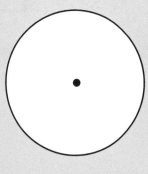

易打結度
★ ★ ☆

（例）求周長為30cm的圓的半徑，至小數點後1位

光跟孩子說「圓周除以3.14就是直徑！」，孩子也無法理解。對小孩子來說，用乘法來解釋會比除法更容易理解。

> 腦袋會打結的地方
>
> ## 不會用圓周算直徑

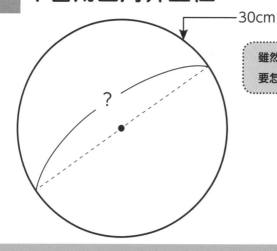

30cm

雖然知道圓周是直徑的3.14倍，但這又要怎麼用呢？

教學法 利用提問，引導孩子用口寫出算式

關鍵在於引導孩子回想已經知道的知識，教導他們活用那些知識。要做到這點，最重要的就是家長的溫和語氣和引導式提問。

1 寫出算式

圓周長要怎麼算呢？

那個我知道！
是直徑×3.14。

哦，很厲害喔！
那，把剛剛說的寫成算式吧。試著把「直徑乘以3.14就等於圓周」這句話改寫成算式。

直徑×3.14＝圓周

↓

直徑×3.14＝30cm

↓

□×3.14＝30cm

這樣對嗎？

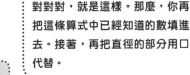

對對對，就是這樣。那麼，你再把這條算式中已經知道的數填進去。接著，再把直徑的部分用□代替。

我知道了！只要 30÷3.14就行了吧。

很棒喔！你居然自己發現了。

2 求概數

$$30 ÷ 3.14 = \boxed{}$$

小數點後一位的概數是……呃呃。

小數點後一位，意思就是只要再往後算一位就可以囉。回想一下四捨五入的算法！

30÷3.14＝9.55……
所以是……9.6cm！

在硬背「直徑＝圓周÷3.14」前，先讓孩子練習把「直徑×3.14＝圓周」的口訣寫成算式，再把數字填進去，會更有效果。

作 業

※答案在p.106

請問圓周長37.68cm的圓，直徑是幾cm？

37.68cm

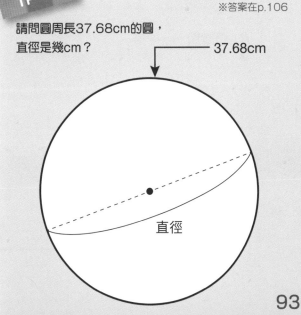

直徑

93

易打結度
★ ★ ☆

（例）求中心角為90°或180°的扇形周長

90°等於圓周的 $\frac{1}{4}$ ，180°等於圓周的 $\frac{1}{2}$ 。別忘記要加上半徑和直徑的部分喔。

腦袋會打結的地方 **不明白「周長」的意思**

有些孩子在算完弧長的部分後就停止了。在開始計算前，先想清楚計算的順序非常重要。

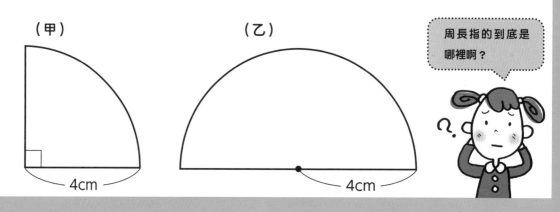

> 周長指的到底是哪裡啊？

教學法 用波浪線和粗線描出周長的部分

為了使孩子清楚了解題目問的到底是哪裡的長度，請用鉛筆把周長的部分描出來。描的時候，弧線的部分請用～～～，直徑和半徑的部分請用━━━。

1 弧線用 ～～ 描

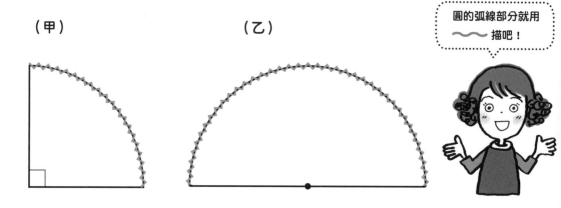

> 圓的弧線部分就用 ～～ 描吧！

2 直線用 —— 描

（甲）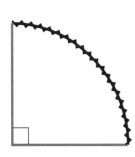

只要把 〜〜 和 —— 的
長度加起來就行了！

（乙）

3 算出弧長

（甲）$90°$ 為 $360°$ 的 $\dfrac{1}{4}$

$4 \times 2 \times 3.14 \div 4$

$= 6.28\text{cm}$

（乙）$180°$ 為 $360°$ 的 $\dfrac{1}{2}$

$4 \times 2 \times 3.14 \div 2$

$=$

12.56cm

4 加上直線部分的長度

（甲）$6.28 + 4 \times 2$

$= 14.28\text{cm}$

（乙）$12.56 + 4 \times 2$

$= 20.56\text{cm}$

這類題目寫錯的原因，有超過
一半都是忘記加上半徑。只要
用 〜〜 和 —— 區分，孩子就
比較不會忘記加。通過親自動
手、自己發現的事情，
是不會輕易遺忘的。

作 業

※答案在p.106

請問下列扇形的周長是幾cm呢？

① 8cm

② 60° 3cm

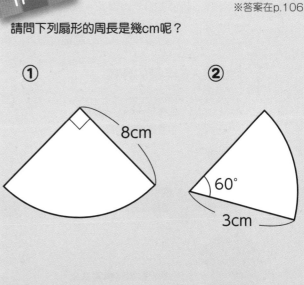

※請從用 〜〜 描出弧形，用 —— 描出半徑
（直線）開始。

5年級 組合了半圓的圖形周長

易打結度
★ ★ ★

（例）求組合了半徑18cm、12cm、6cm的半圓的圖形周長

不寫出算式就開始計算，是孩子算錯答案的最大原因。所以教導孩子不易算錯的計算習慣，也是很重要的一環。

腦袋會打結的地方 ## 寫不出算式

想要一次算出答案時，常常會寫不出算式。找出題目中的三個半圓是關鍵。

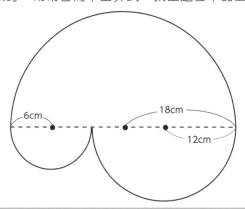

> 要算的東西太多了，我搞不懂啦！

教學法 一個一個耐心寫出算式

請告訴孩子按部就班列出算式。還有，為了幫助孩子清楚知道要算的是哪裡的長，請用 ━━ 和 〜〜 描圖吧。

1 列出最大的半圓的算式

> 你先用 ━━ 把最大的半圓描出來看看。

> 對對對，就是這樣！這段弧長的算式怎麼寫？

> 那，就把這條算式先寫在筆記上。

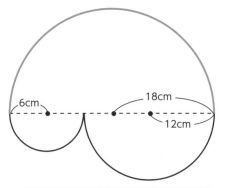

> 這樣嗎？

> 半徑是18cm，所以直徑是36cm。因為是半個圓周，所以是36×3.14÷2！

2 依序把其他半圓的算式也寫下來

再來用〰️把第二大的半圓描出來。它的算式是？

是這樣吧⋯⋯
24×3.14÷2嗎？

很好！最後那個半圓呢？

是
12×3.14÷2！

一個一個分開寫就好懂多了！

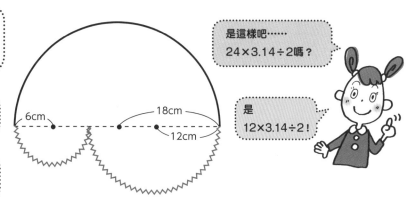

6cm　18cm　12cm

3 把三個半圓長度的算式垂直排列在一起

$$36×3.14÷2$$
$$24×3.14÷2$$
$$12×3.14÷2$$

36×3.14÷2跟36÷2×3.14是一樣的耶。

所以說，就是18×3.14。

那，第二個算式跟第三個算式呢？

分別等於12×3.14和6×3.14。

然後你試著用直式運算看看。計算時把3.14放在上面來算。

```
      1 8
  × 3.1 4
  ─────────
      7 2
    1 8
  5 4
  ─────────
  5 6.5 2
```

```
    3.1 4
  ×   1 8
  ─────────
  2 5 1 2
  3 1 4
  ─────────
  5 6.5 2
```

3.14×18=56.52 cm

3.14×12=37.68 cm

3.14×6=18.84 cm

只要養成把3.14放在上面計算的習慣，算錯的情形就會大幅減少。告訴孩子這點乃是關鍵。

全部加起來等於113.04！

若孩子已經可以毫無困難地理解上面的說明，就請教他們下面的內容。

18×3.14+12×3.14+6×3.14
=（18+12+6）×3.14
=36×3.14
18加12加6個3.14，
就等於36個3.14。
這就是二元運算的
分配律喔。

作　業

※答案在p.106

求下面圖形的周長。

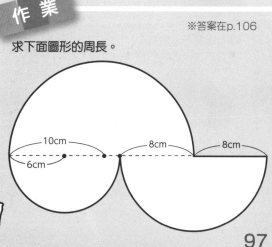

10cm　6cm　8cm　8cm

97

半圓或扇形的組合圖形的面積

易打結度
★ ★ ☆

（例）求半徑4cm的半圓面積、求半徑12cm的扇形面積、求組合了半徑4cm、8cm、12cm半圓的圖形面積

先寫成算式讓孩子分別算出半圓與 $\frac{1}{4}$ 扇形的面積後，再列出組合圖形的算式，這樣練習會更有效果。

腦袋會打結的地方 ❶ 在算半圓和扇形面積時粗心算錯

計算的次數愈多，要算的數字愈大，就愈容易粗心算錯。

（甲）

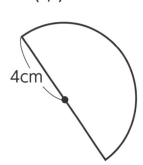

4cm

（乙）

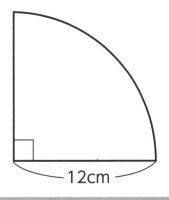

12cm

3.14乘起來好麻煩喔。真討厭～

教學法 　想辦法把3.14要乘的數變小

光是感覺3.14要乘的數「可能很大」，就會讓孩子覺得題目很難。所以關鍵在於盡可能把3.14要乘的數變小。

為了讓計算更輕鬆，可以改變計算的順序喔。直式運算的時候，記得把3.14寫在上面。

（甲）$4 \times 4 \times 3.14 \div 2$
$= 4 \times 4 \div 2 \times 3.14$
$= 16 \div 2 \times 3.14$
（或 $4 \times 2 \times 3.14$）
$= 8 \times 3.14$
$= 25.12 \text{cm}^2$

（乙）$12 \times 12 \times 3.14 \div 4$
$= 12 \times 12 \div 4 \times 3.14$
$= 144 \div 4 \times 3.14$
（或 $12 \times 3 \times 3.14$）
$= 36 \times 3.14$
$= 113.04 \text{ cm}^2$

如果多次進行小數點以下的運算，孩子就很容易算錯。所以請教導他們把運算整理成一條式子，只需要乘一次3.14的算法。

真不想算那麼多次
3.14！

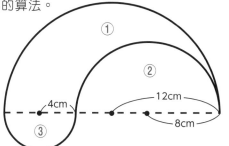

教學法

教導孩子結合律

當兩數乘以相同的數時，可以把這兩個數先整理成一個。譬如可用幾個10元硬幣，計算2個硬幣加3個硬幣的總和來思考。寫成2×10+3×10=（2+3）×10=50元，應該就很容易理解了。

①　　　　　　　②　　　　　　　③

$$12×12×3.14÷2−8×8×3.14÷2+4×4×3.14÷2$$
$$=144÷2×3.14−64÷2×3.14+16÷2×3.14$$
$$=72×3.14−32×3.14+8×3.14$$
$$=(72−32+8)×3.14$$
$$=48×3.14$$
$$=150.72cm^2$$

如果將公式統整，則只需計算一次3.14

只要學會整理算式，就能輕鬆算出下面這種問題。

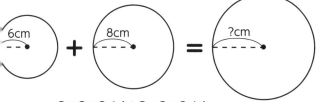

請問半徑6cm的圓跟半徑8cm的圓的面積和，跟半徑幾cm的圓面積相等？

6cm ＋ 8cm ＝ ?cm

$$6×6×3.14+8×8×3.14$$
$$=36×3.14+64×3.14$$
$$=（36+64）×3.14$$
$$=100×3.14$$
$$→100=10×10故答案是10cm$$

作業

※答案在p.106

求下面圖形的面積。

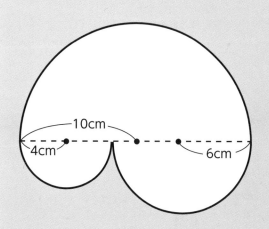

10cm
4cm
6cm

6年級 正方形和扇形重合部分的面積

易打結度
★ ★ ★

（例）求邊長8cm的正方形中，
塗色部分的面積

請讓孩子用別的形狀練習計算重合部分大小的算法，真正理解其中的道理。

腦袋會打結 的地方	無法把圖形拆開來思考

這是在小學考試中經
常出現的問題。請透
過計算一步一步讓孩
子了解題目到底問的
是什麼吧。

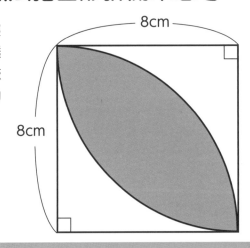

搞不清楚該用什麼
順序思考啦。

教學法　　使用線段圖練習解題思路

請先暫時從題目抽離，用下面這種情境類似的線段圖來練習解題的思路。練習完後再來
重新面對問題，孩子就會豁然開朗了。

1 用線段圖練習解題思路

如果換成這樣的圖，請問C到D
的長度是幾cm呢？

我想想……

思路 ① 分別算出每段的長

A到C的長……AB−CB ➡ 10−7 = 3cm
D到B的長……AB−AD ➡ 10−7 = 3cm
C到D的長……AB−AC−DB ➡ 10−3−3 = 4cm

原來有這麼多種解法啊！

思路 ② 點出AB的中點E

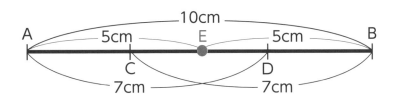

C到E的長……CB−EB ➡ 7−5 = 2cm
E到D的長……AD−AE ➡ 7−5 = 2cm
C到D的長……CE+DE ➡ 2+2 = 4cm

思路 ③ 把已知的部分分成三條線

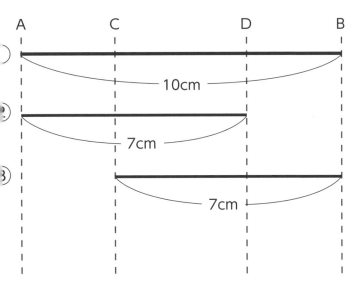

AD+CB−AB
是哪裡的長？

AD與CB的和，就等於一個AC加一個DB加兩個CD。而AB等於一個AC加一個CD加一個DB，所以兩者相減就剩下一個CD了。

AD+CB−AB=CD

➡ 7+7−10 = 4cm

2 將從線段圖學到的思路應用至題目

把題目中的圖形分解成正方形、三角形、扇形來想,分別算出它們的面積。

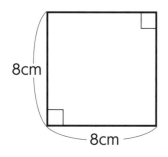

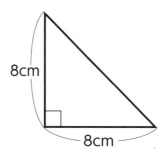

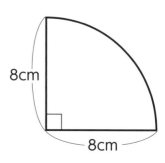

$8 \times 8 = 64cm^2$

$8 \times 8 \div 2 = 32cm^2$

$8 \times 8 \times 3.14 \div 4$
$= 50.24cm^2$

只要分別算出它們的面積,
腦袋就能冷靜計算了!

思路 ❶

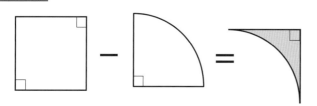

$64 - 50.24$
$= 13.76cm^2$

$64 - 13.76 \times 2$
$= 36.48cm^2$

思路 ❷

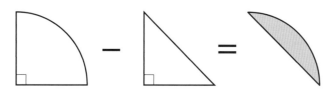

$50.24 - 32$
$= 18.24cm^2$

$18.24 + 18.24$
$= 36.48cm^2$

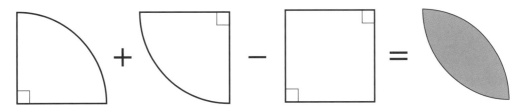

$$50.24 + 50.24 - 64 = \underline{36.48cm^2}$$

不論用哪個方法都能
得到相同的答案！

首先用對小孩子而言
最好理解的線段圖來
熟悉思路，孩子便能
將相同思路應用在其
他問題中。

作業

※答案在p.106

求下圖中著色部分的面積。

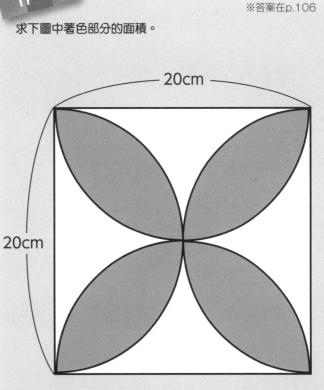

20cm

20cm

1 求下列圖形的周長和面積。

①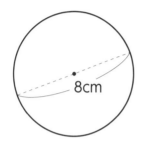

②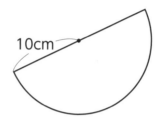

③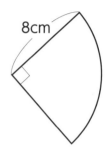

周長 （　　　　）

面積 （　　　　）

周長 （　　　　）

面積 （　　　　）

周長 （　　　　）

面積 （　　　　）

2 求下列圖形中 ▨ 的面積。

①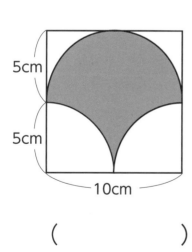

②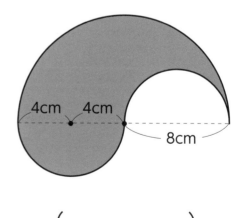

（　　　　）

（　　　　）

3 假設有一個半徑8cm的圓，以及一個半徑4cm的圓。

① 請問半徑8cm圓的圓周，是半徑4cm圓之圓周的幾倍？

(　　　)倍

② 請問半徑8cm圓的面積，是半徑4cm圓之面積的幾倍？

(　　　)倍

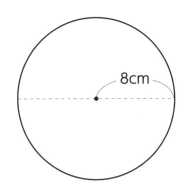
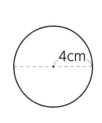

4 請觀察下圖，在文中的□內填入正確的數字。

①

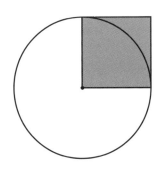

左圓的面積大約是灰色正方形面積
的□倍。

②

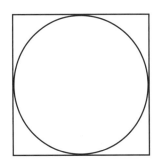

當正方形面積為80cm²時，可剛好塞
入這個正方形內的圓面積為

│ 甲 │×3.14

等於 │ 乙 │ cm²

105

p.85

①直線較長

②圓的圓周較長

p.87

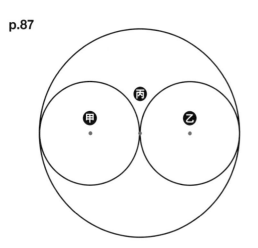

只要以**甲**為圓心的圓，跟以**乙**為圓心的圓，在以**丙**為圓心的圓中相接即可。

p.89

①**32cm**

半徑4cm的圓有4個。

$\underline{4\times2}\times4=32$
直徑

②**8cm**

2個半徑長。$4\times2=8$

③**24cm**

6個半徑長。$4\times6=24$

p.91

（解答例）

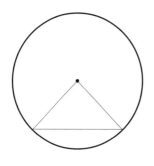

p.93

12cm

直徑×3.14＝37.68

直徑＝37.68÷3.14

　　　＝12

p.95

①**28.56cm**

$16\times3.14\div4+8\times2$

$=28.56$

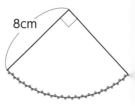

②**9.14cm**

$6\times3.14\div6+3\times2$

$=9.14$

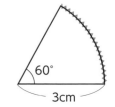

p.97

83.36cm

$20\times3.14\div2=31.4$

$12\times3.14\div2=18.84$

$16\times3.14\div2=25.12$

$31.4+18.84+25.12+8=83.36$

p.99

238.64cm²

$10\times10\times3.14\div2+4\times4\times3.14\div2$

$+6\times6\times3.14\div2$

$=50\times3.14+8\times3.14+18\times3.14$

$=(50+8+18)\times3.14$

$=76\times3.14$

$=238.64$

p.103

228cm²

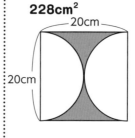

左邊塗色部分的面積為

$20\times20-10\times10\times3.14=86$

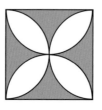

用正方形面積減去上面算出之塗色部分面積的2倍。

$20\times20-86\times2=228$

p.104

1

① （周長）**25.12cm** $8 \times 3.14 = 25.12$
  （面積）**50.24cm²** $4 \times 4 \times 3.14 = 50.24$

② （周長）**51.4cm** $20 \times 3.14 \div 2 + 20 = 51.4$
  （面積）**157cm²** $10 \times 10 \times 3.14 \div 2 = 157$

③ （周長）**28.56cm** $16 \times 3.14 \div 4 + 8 \times 2 = 28.56$
  （面積）**50.24cm²** $8 \times 8 \times 3.14 \div 4 = 50.24$

2

① **50cm²**

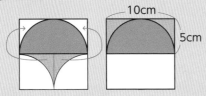

將左上圖中的紅色部分如箭頭的標示移動
後，就會變成右上的圖。
$5 \times 10 = 50$

② **100.48cm²**

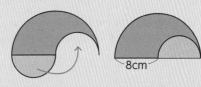

將左上圖中的紅色部分如箭頭的標示移動
後，就會變成右上的圖。
$8 \times 8 \times 3.14 \div 2 = 100.48$

p.105

3

① **2**

半徑8cm的圓的圓周是$8 \times 2 \times 3.14$
半徑4cm的圓的圓周是$4 \times 2 \times 3.14$
故
$(8 \times 2 \times 3.14) \div (4 \times 2 \times 3.14)$
$= (8 \times 2 \times 3.14) \div (4 \times 2 \times 3.14)$

可以相消

$= 8 \div 4$
$= 2$

② **4**

半徑8cm的圓的面積是$8 \times 8 \times 3.14 = 64 \times 3.14$
半徑4cm的圓的圓周是$4 \times 4 \times 3.14 = 16 \times 3.14$
故
$(64 \times 3.14) \div (16 \times 3.14)$
$= (64 \times 3.14) \div (16 \times 3.14)$

可以相消

$= 64 \div 16$
$= 4$

4

① **3.14**
參照p.85

② 甲 **80÷4**   乙 **62.8**

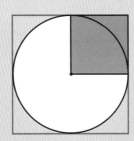

圓的面積是 ▨ 的3.14倍。
▨ 是大正方形的 $\frac{1}{4}$，
故
$80 \div 4 \times 3.14 = $ 圓的面積。
$80 \div 4 \times 3.14 = 62.8$

有趣的圓！

請讓孩子用圓規畫出多個相同大小的圓，拼成美麗的圖案；或陪孩子一起計算由半圓組合而成之圖形的周長吧。只要仔細觀察，應該就會有意外的發現。

用圓畫出漂亮的紋路

①畫一個半徑2cm的圓

②把圓規拉開到2cm寬，然後將針插在圓周上的任意點，再畫一個圓。

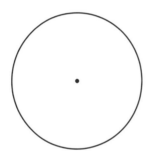

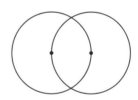

③將圓規的針插在兩圓的交點上，再畫一個等大小的圓。

④繼續把針插在各圓的交會點畫圓，多次重複這個步驟⋯⋯

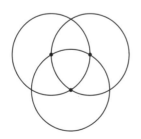

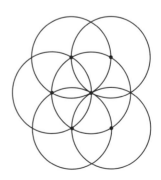

哇 — 好漂亮！每個圓的
裡面都有一個6瓣的花朵
形狀呢。真奇妙！

請在下面的框框中畫入跟上面一樣的圖案，直到框框全部填滿。

只要畫到填滿整個框框，孩子對圓規的使用應該就沒有問題了。

請與孩子一起來想想左圖這種全由半圓組成的圖形，周長究竟有多長吧。

這個圖形的周長就等於
半徑6cm（直徑12cm）的半圓加
半徑4cm（直徑8cm）的半圓加
半徑2cm（直徑4cm）的半圓的長度。

寫成算式，就是
$12×3.14÷2＋8×3.14÷2＋4×3.14÷2$
$＝12÷2×3.14＋8÷2×3.14＋4÷2×3.14$
$＝6×3.14＋4×3.14＋2×3.14$
$＝(6＋4＋2)×3.14$
$＝12×3.14$

而這個$12×3.14$，其實就是直徑12cm（半徑6cm）之圓的圓周公式。

換句話說

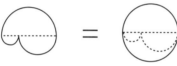

可以這麼想。

這個圖的周長　＝　最大的圓的周長

接著再來想想由更多半圓組成的圖形吧。

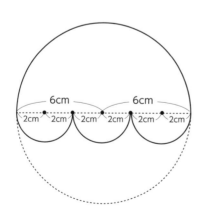

大半圓的弧長是
$12×3.14÷2＝6×3.14$

三個小半圓的弧長是
$4×3.14÷2×3$
$＝4÷2×3×3.14$
$＝6×3.14$

全部加起來就等於
$6×3.14＋6×3.14$
$＝(6＋6)×3.14$
$＝12×3.14$

果不其然，上面這種「全由半圓組成的圖形，周長就等於最大半圓的半徑算出來的圓周」呢。

立體

這是培養空間認識能力的題目。要能在腦中轉動、或是從展開圖復原立體圖形，首先實際觀察並摸摸看立體物體比什麼都重要。

「立體」
記住這幾點，就沒什麼難的！

畫示意圖時
平行線很重要！

學習立體，要從能畫出代表立體的示意圖開始。

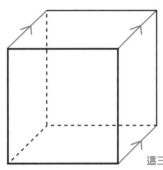

常犯的錯誤

這三條斜線，必須要是平行的。

教學法 利用方格紙記住畫圖的順序

一開始先使用方格紙和直尺練習。方格紙推薦5mm網眼的種類。請從斜線為45°的圖形開始畫起吧。

❶畫出正面的長方形

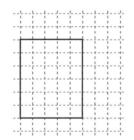

❷一邊計算網格數，一邊畫出平行線

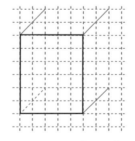

等到熟練之後，接著讓孩子嘗試徒手畫畫看。線段不用很直也OK喔。

❸用實線連起甲和乙

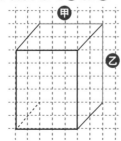

❹用虛線連起丙和丁

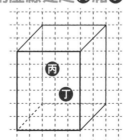

練習改用不同斜率的斜線來畫。

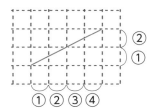

接著再來畫畫看往右傾斜4格、
往上傾斜2格的立體示意圖吧。

❶ 從六個角畫出六條平行等長
的斜線

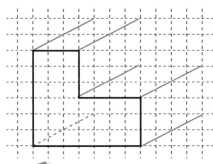

❷ 看得見的地方畫實線，看不見的地
方畫虛線

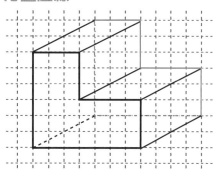

作 業

請在右邊畫出與下圖相同的立體圖形

※答案在p.126

①

②

（例）

若以下圖灰色部分為底面，則高是幾cm？

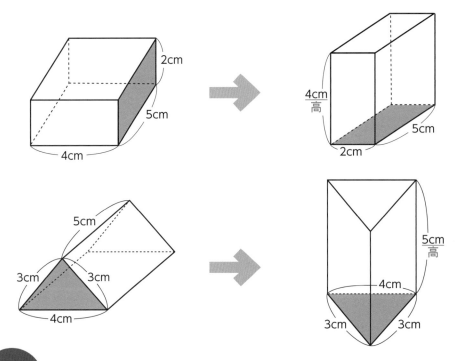

教學法 **利用衛生紙盒讓孩子確認**

長、寬、高會隨著觀看的角度而改變。請幫助孩子理解底面位置不同時，高也會跟著改變。譬如告訴孩子牛奶盒的容量是1L，讓他們對物體的體積有個粗略的概念也很重要。

如果把這裡當成底面，那高是哪裡呢？

如果把這裡當成高，那底面又是哪邊呢？

訣竅是用玩樂的方式，讓孩子學習時樂在其中。若孩子主動拿起盒子動手來玩，那更是再好也不過。可以的話請在孩子升上4年級前進行這項教學，應該可讓孩子的理解更加順利。

若以下圖畫斜線的部分為底面，則高為幾cm？

※答案在p.126

①

②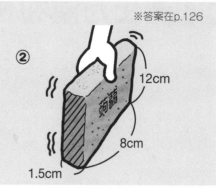

教學重點❸ 可以調換容積和體積的計算順序

計算下面立體的體積時，

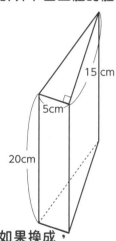

因為公式是（底面積）×（高），

所以算式就是 $5 \times 15 \div 2 \times 20$

底面積　　　高

如果直接從前面開始算，就是

$=75 \div 2 \times 20$

$=37.5 \times 20$

$=750cm^3$

但有小數點的計算，對小孩子而言難度比較高。

但如果換成，

$5 \times 15 \times 20 \div 2$

$=5 \times 15 \times（20 \div 2）$

$=5 \times 15 \times 10$

$=75 \times 10$

$=750cm^3$

就可以輕鬆計算。

> 立體圖形的體積是三個數字的乘法。練習調換相乘順序，使計算變容易也很重要。

※答案在p.126

請改變下面算式的計算順序，變成更好計算的算式。

③ $12 \times 7 \times 5$

④ $3 \times 3 \div 2 \times 6$

⑤ $5 \times 5 \times 3.14 \div 2 \times 8$

正方體和長方體的體積① 底面與高

易打結度
★ ★ ☆

（例）求1080cm³的長方體邊長

只要學會利用□的算式來計算，以及藉由找出底面來找出高的方法，應用能力就大幅提升。

腦袋會打結的地方 ## 覺得用有□的算式很麻煩

因為有□的算式需要用到除法，所以有些孩子會排斥。

體積是1080cm³

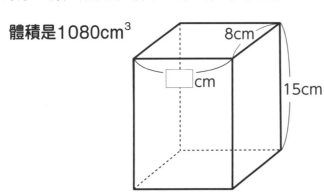

8cm

□cm

15cm

有□的算式算起來很麻煩，真不想用啊……

教學法 1 利用交換律

請告訴孩子只要改變計算的順序，就能降低計算難度。

1 寫出算式

$$（長）×（寬）×（高）=體積 ➡ 8×□×15=1080$$

2 利用交換律來算

改變式子的順序後，只要一次直式運算就能算出來了。原來並不如想像中麻煩啊！

不用交換律	使用交換律
$8×甲×15=1080$	$8×15×□=1080$
乙	$120×□=1080$
1080	$□=1080÷120$
$乙=1080÷15=72$	$=9cm$
$甲=72÷8=9cm$	

找出高是□的底面

請告訴孩子,把以□為高的底面塗上顏色。只要把底面積當成計算的核心,就比較不會感到混亂。

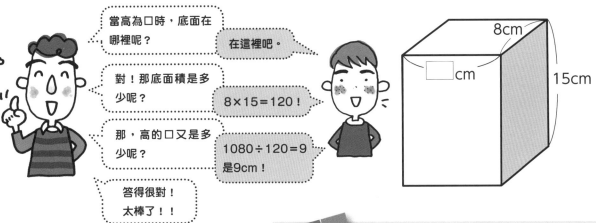

當高為□時,底面在哪裡呢?

在這裡吧。

對!那底面積是多少呢?

8×15＝120!

那,高的□又是多少呢?

1080÷120＝9
是9cm!

答得很對!
太棒了!!

8cm

□cm

15cm

孩子答對的時候,請別忘記給予讚美。只要熟悉了「教學法②」的思考方式,升上6年級後就能更快理解「圓柱與角柱的體積」。

作 業

※答案在p.126

已知長方體的體積,
請算出□內的數。

①體積是720cm³

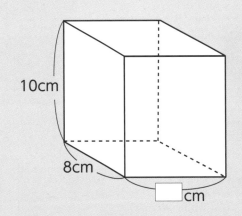

10cm

8cm

□cm

②體積是1280cm³

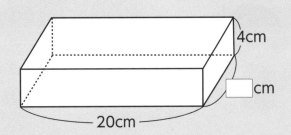

4cm

□cm

20cm

117

易打結度
★ ★ ☆

（例）求長方體減掉長方體後剩下的體積

複雜的立體可以分成「長方體的摘除」或「長方體的組合」。讓孩子具備不論哪種方法都難不倒自己的放心感是很重要的。還有，除了（長）×（寬）×（高）＝（體積）外，再熟悉（底面積）×（高）＝（體積）的算法的話，對於立體的題目會更得心應手。

| 腦袋會打結 的地方 | **不知道被摘除的長方體長寬高怎麼算** |

小孩子對乍看很複雜的圖形會產生抵抗感。請一個步驟、一個步驟慢慢來，讓孩子知道其實並沒有想像中困難。

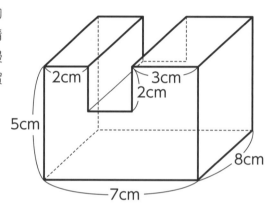

缺一塊的長方體體積要怎麼算啊！

教學法 告訴孩子可以用「組合」或「摘除」兩種方法來解
首先從「組合」的思路解一次，然後再用「摘除」的方法來解。

組合法

試著在這個長方體上畫幾條分割線吧。
畫正面就可以了喔。

把正面當成底面，請問底面的面積總共是多少呢？

是31cm²。

對！然後體積是（底面積）×（高）對吧？這樣的話要怎麼算？

是31×8＝248cm³！

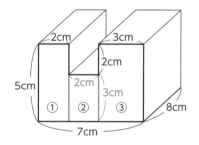

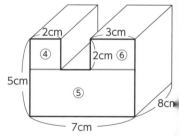

① 5×2 ＝ 10cm²
② 3×2 ＝ 6cm²
③ 5×3 ＝ 15cm²
①＋②＋③ ＝ 31cm²

④ 2×2 ＝ 4cm²
⑤ 3×7 ＝ 21cm²
⑥ 2×3 ＝ 6cm²
④＋⑤＋⑥ ＝ 31cm²

$$\underset{\text{底面積}}{31} \times \underset{\text{高}}{8} = 248\text{cm}^3$$

試試看用紅線把被摘除的長方體畫出來。

那個紅色長方體的體積是多少？

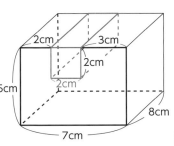

畫好了！

是2×2×8＝32cm³。

被摘掉的長方體體積 $2 \times 2 \times 8 = 32cm^3$

全體的體積 $8 \times 7 \times 5 = 280cm^3$

剩下的長方體體積 $280 - 32 = 248cm^3$

只要讓孩子自己把消失的長方體畫上去，他們自然就會發現解題的方法。所以讓孩子自己動手做相當重要。

作 業

※答案在p.126

求下圖立體的體積。

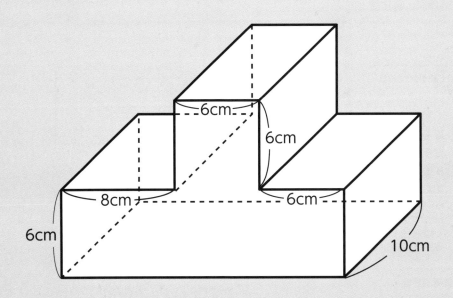

體積與容積

易打結度
★ ★ ★

（例）用1cm厚的木板組成長10cm、寬14cm、高9cm的容器，
請問該容器的容積為幾dL，又容器本身的體積為幾cm³

體積和容積都可以用來表示「量體」。體積是「物體本身的量體」。而容積則是「可容納物體的最大量體」。請透過解題，幫助孩子理解其中的差異。

腦袋會打結的地方 ① 分不清體積和容積的差別

有時題目問的是容積，
孩子卻回答體積。

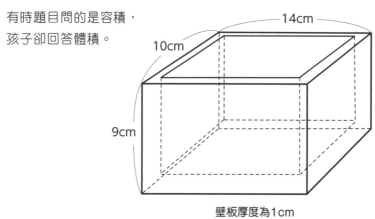

14cm

10cm

9cm

壁板厚度為1cm

容積？用10×14×9，但單位不是dL……？

教學法 把「內緣」的長度寫在圖上

容積和體積的計算方法是一樣的。都只需要長寬高相乘。所以請指導孩子根據壁板的厚度算出「內緣」的長度，寫在圖上吧。

底部有一片板子喔。所以深度是幾cm呢？

對！然後長和寬分別有兩片板子。那麼內側的長寬是幾cm？

是9－1等於8cm嗎？

8cm和12cm？

答對！算得很好喔。

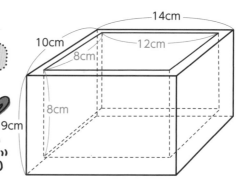

14cm

10cm

12cm

8cm

8cm

9cm

所以這個容器可以裝入768cm³的水呢。像這種用來計算可以裝進多少東西的量體，就是「容積」唷。

$8 \times 12 \times 8 = 768\text{cm}^3$

由於1dL等於100cm³，

故768cm³＝7.68dL

有時孩子可能會以為不是長方體的話就沒法算體積，或是會用一片一片相加的方式來計算容器本身的體積。

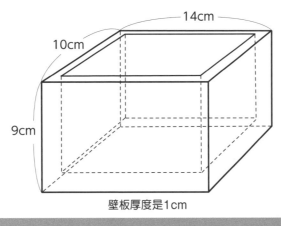

14cm
10cm
9cm
壁板厚度是1cm

要把木板的體積一片一片加起來嗎？

教學法

告訴孩子體積和容積都是「量體」

請引導孩子發覺所有壁板加起來的體積，就等於（長方體全體體積）−（容積）吧。請向孩子解釋體積和容積是可以相加相減的。

體積和容積都是「量體」喔。剛剛用來裝水的容積是768cm³，而剩下的部分全都是木板對不對？

沒錯！

所以說全體的體積減掉容積，就是木板部分的體積嗎？

容器加內容物的整體體積

$10 \times 14 \times 9 = 1260 cm^3$

容積

$8 \times 12 \times 8 = 768 cm^3$

木板的體積

$1260 - 768 = 492 cm^3$

體積最常用的單位是cm³、m³。而容積常用的單位則是mL、L、kL。請幫助孩子了解因為1mL=1cm³，所以L和cm³是可以互相換算的單位。

作 業

※答案在p.126

用厚度2cm的木板組合出下圖的長方體容器。並如圖所示，在容器裡面裝水。請問：

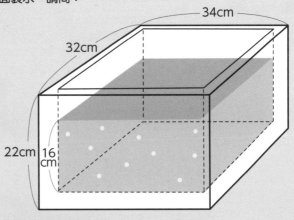

34cm
32cm
22cm
16cm

①這個容器的容積是幾L？
②容器內的水是幾dL？
③這個容器的木板體積是幾cm³？

121

各種立體的體積

易打結度
★ ★ ★

（例）找出底面求體積

請訓練孩子能夠迅速找出底面，並運用（底面積）×（高）＝（體積）的公式。理解「以水平方式切開立體，所有高度的切面都會是相同形狀」乃是關鍵。

腦袋會打結的地方

以為圖中最下面的面就是底面

小孩子很容易相信眼睛看到的東西。所以可以利用積木等教具，讓他們實際用眼睛看、用手觸摸來認識幾何圖形。

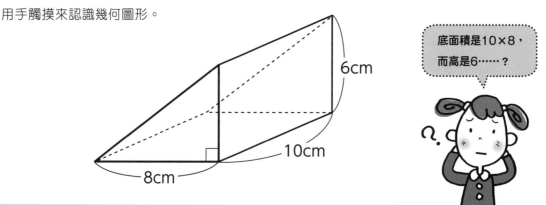

底面積是10×8，而高是6……？

教學法

把可能是底面的面上色

讓孩子找出底面後塗上顏色，然後以那個面為底面把圖形立起來想想看。立起來後，請告訴孩子去檢查是不是所有高度的水平切面，大小、形狀都跟底面相同。

試著把上色的部分朝下，想像一下立體站起來的樣子。

請問把站起來的立體橫切開來，切面跟底面長一樣的是哪個呢？

要塗哪一個好啊？

是丙！

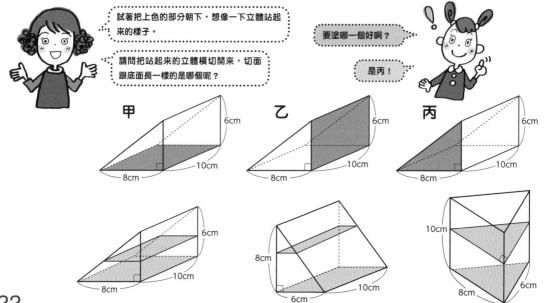

$$8 \times 6 \div 2 \times 10 = 240cm^3$$

底面積

如果只是告訴孩子「把這裡當底面就可以算出答案啊！」，孩子永遠也不會進步。讓孩子自己找出底面和高在哪裡，是很重要的。

作業

※答案在p.126

請用（底面積）×（高）＝（體積）的公式算出下面立體的體積。

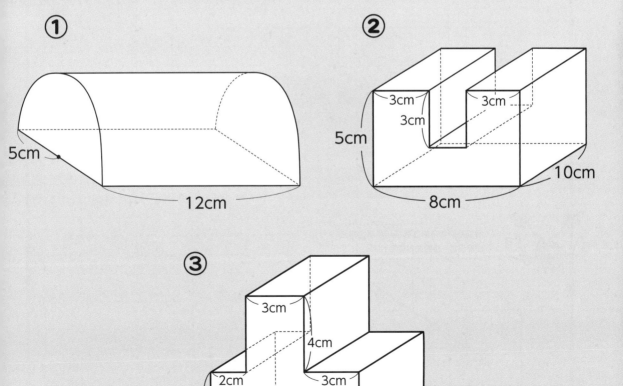

① 5cm 12cm

② 3cm 3cm 3cm 5cm 10cm 8cm

③ 3cm 4cm 2cm 3cm 3cm 5cm

答案在p.127

1 請在隔壁畫出與下圖相同的圖形。

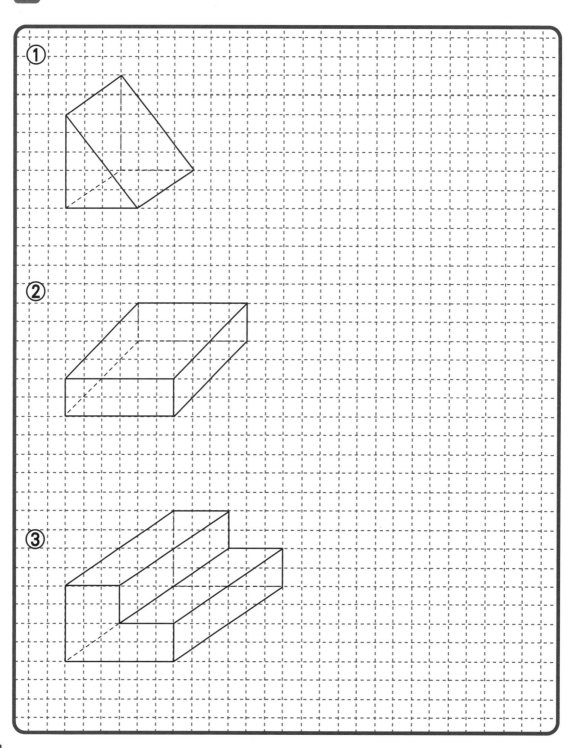

①
②
③

2 請算出下面立體□內的數。

① 體積是360cm³

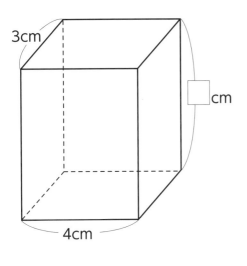

 **cm**

② 體積是960cm³

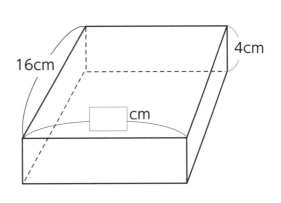

 **cm**

3 求下面各立體的體積。

①

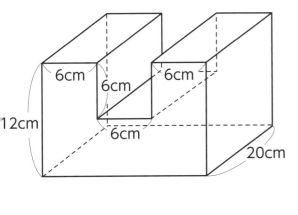

 **cm³**

②

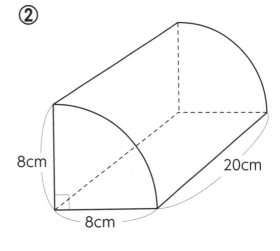

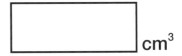 **cm³**

p.113

（省略）

請檢查是否與左圖有不同之處。

p.115

① **10cm**

② **8cm**

③ **420**

把12×7×5換成12×5×7會更好計算。

12×5×7
＝60×7
＝420

④ **27**

把3×3÷2×6換成3×3×6÷2會更好計算。

3×3×6÷2
＝3×3×3
＝27

⑤ **314**

把5×5×3.14÷2×8換成5×5×8÷2×3.14會更好計算。

5×5×（8÷2）×3.14
＝5×5×4×3.14
＝100×3.14
＝314

p.117

① **9**

8×10＝80
80×□＝720
□＝9

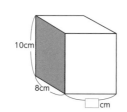

② **16**

20×4＝80
□×80＝1280
□＝16

把塗灰部分當成底面來想。

p.119

1560cm³

如右圖所示，把底面分成甲和乙，分別乘以高10cm來計算。

甲 6×6×10＝360

乙 6×20×10＝1200

360＋1200＝1560

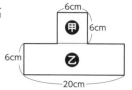

p.121

① **16.8L**

（32－4）×（34－4）×（22－2）
＝28×30×20
＝16800cm³

16800cm³＝16.8L

② **134.4dL**

28×30×16＝13440cm³

13440cm³＝134.4dL

③ **7136cm³**

32×34×22＝23936

23936－16800＝7136cm³

p.123

① **471cm³**

如右圖所示，以半徑5cm的半圓為底面。

5×5×3.14÷2×12
＝5×5×（12÷2）×3.14
＝5×5×6×3.14
＝471

② **340cm³**

以右圖的▦為底面。

甲 部分的 ― 是

8－（3＋3）＝2cm

5×8－3×2＝34

34×10＝340

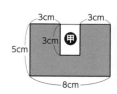

③ **180cm³**

以右圖的▦為底面。

乙部分的 ― 是

2＋3＋3＝8cm

8×3＋4×3＝36

36×5＝180

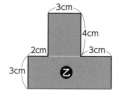

p.124

1

（省略）
請檢查是否與左圖有不同之處。

p.125

2

① **5**

底面積是4×3＝12
60÷12＝5

② **15**

底面積是16×4＝64
960÷64＝15

3

① **3600**

12×18－6×6＝180
180×20=3600

② **1004.8**

8×8×3.14÷4＝50.24
50.24×20＝1004.8

更深入認識立體！

你知道一個立體圖形，可以有幾種展開圖嗎？還有，你知道傾斜的立體體積該怎麼算嗎？請利用身邊的事物，試著思考一下吧。

強化對立體的展開能力

請找一個空衛生紙盒，用美工刀或剪刀拆開，攤平看看。

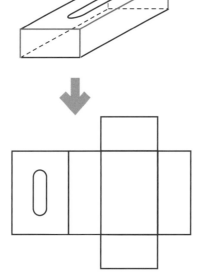

沿著紅線切開攤平，就會變成下圖的模樣。請務必動手試一試。

立體展開後的圖形
（摺疊組合後可變成立體圖形的平面圖）

就叫做 **展開圖**。

只要改變裁切的地方，就會變成不同圖形喔。你覺得立方體的展開圖，一共有幾種呢？

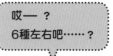

哎一？
6種左右吧……？

■〔1-4-1〕型

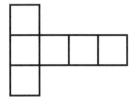

……1個
……4個
……1個

最上段1個面，中間段4個面，最下段1個面的類型。總共有6種。旋轉或翻面後會變成相同形狀的不算在內。

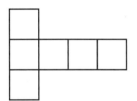

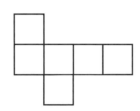

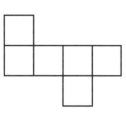

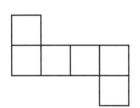

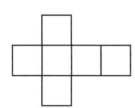

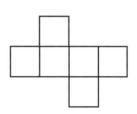

■〔1-3-2〕型

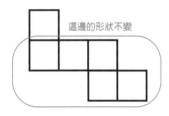

這邊的形狀不變

……1個
……3個
……2個

由上到下分別有1個面、3個面、2個面的類型。中間段和下段的形狀一旦改變了就無法組成立方體。只有最上段的那個面可以改變位置，故只有3種。

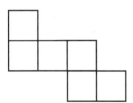

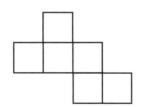

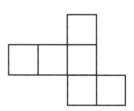

■〔2-2-2〕型

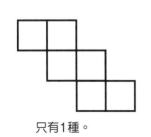

只有1種。

■〔3-3〕型

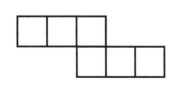

只有1種。

全部有11種呢！

你覺得傾斜的立體體積
要怎麼算呢？

好難喔，
想不出來……

問 題　求下圖的體積

甲

3cm
3cm
13cm
12cm

乙

2cm
14cm
12cm

思路

把大量10元硬幣
疊起來。

把疊好的10元硬幣一點
一點推成斜塔狀。

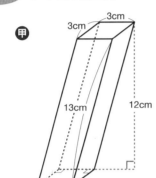

這個疊好的形狀
是圓柱體，所以
可用（底面積）
×（高）求出體
積。

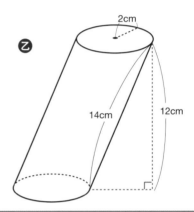

就算把堆好
的塔稍微推
斜，高也不
會改變。

由此可知，傾斜的立體體積也同樣可用（底面積）×（高）求出。

答 案

甲 底面積……3×3＝9cm²

　　高……12cm

　　9×12＝108

108cm³

乙 底面積……2×2×3.14＝12.56cm²

　　高……12cm

　　12.56×12＝150.72

150.72cm³

part6

總複習

這裡準備part2～part5
內容的練習題。請把這些
題目當成孩子學習幾何的
最後驗收。如果有答錯的
地方，就回去該單元複習
一遍吧。

※答案在p.140～143

1 請計算下列算式。

① 2kg300g＋7kg800g　　　　　　（　　　　　　　　　　）

② 3m22cm－1m85cm　　　　　　（　　　　　　　　　　）

③ 3L2dL–2L6dL　　　　　　　　　（　　　　　　　　　　）

④ 4kg70g－2kg300g　　　　　　（　　　　　　　　　　）

⑤ 2m48cm＋1m55cm　　　　　　（　　　　　　　　　　）

2 請在框框內填入正確的數字。

① 3kg20g　＝　[　　　　　　　] g

② 6m5cm　＝　[　　　　　　　] cm

③ 3L7dL　＝　[　　　　　　] dL　＝　[　　　　　　　　] mL

④ 4L20mL　＝　[　　　　　　] mL

⑤ 3.7L　　＝　[　　　　　　] mL

3 請將下列水量的重量轉換成符合（　　　）內單位的數字。

① 2L（kg）　　　　　　　　　　　（　　　　　　　　　）kg

② 1630mL（g）　　　　　　　　　（　　　　　　　　　）g

③ 850cm³（kg）　　　　　　　　　（　　　　　　　　　）kg

④ 3L4dL（g）　　　　　　　　　　（　　　　　　　　　）g

⑤ 1L480mL（kg・g）　　　　　　（　　　　　）kg（　　　　）

4 請用量角器測量下面各角的角度。

①　　　　　　　②　　　　　　　③　　　　　　　④

（　　　　　）　（　　　　　）　（　　　　　）　（　　　　　）

5 求下面甲～丙角的大小。

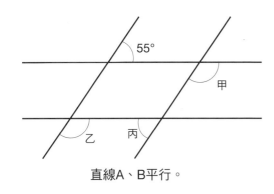

直線A、B平行。

甲（　　　　）

乙（　　　　）

丙（　　　　）

6 請畫出符合下列條件的直線。

① 通過A點且與直線甲平行。

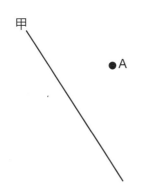

② 通過B點且與直線乙垂直。

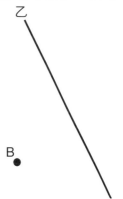

7 請找出互相平行、垂直的直線。

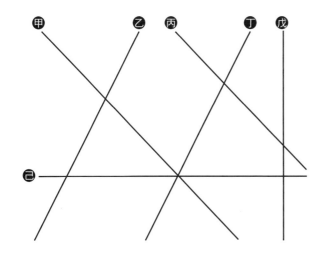

平行的直線（　　　　）

垂直的直線（　　　　）

8 請畫出三角形ABC的2倍放大圖和 $\frac{1}{2}$ 縮小圖。

2倍放大圖

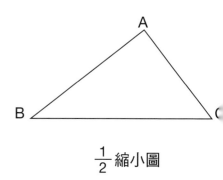

$\frac{1}{2}$ 縮小圖

9 請畫出符合下列敘述的圖形。

① 以直線甲乙為對稱軸的圖形。

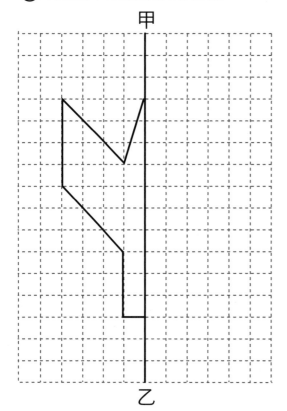

② 以P點為對稱中心的圖形。

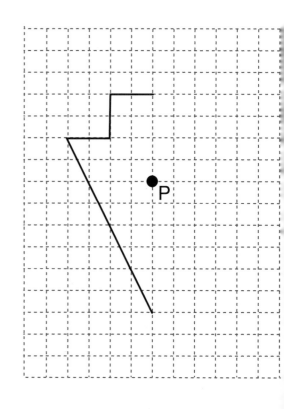

10 請就下列圖形回答問題。

甲 正方形　　乙 正五邊形　　丙 正六邊形　　丁 正七邊形　　戊 正八邊形

  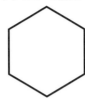 

① 請問甲～戊各圖形的對稱軸有幾條？

甲（　　　　　）　　乙（　　　　　　）　　丙（　　　　　　）

丁（　　　　　）　　戊（　　　　　　）

② 請問哪個圖形是點對稱圖形。（　　　　　　　　）

11 已知平行四邊形是點對稱圖形。請回答下面的問題。

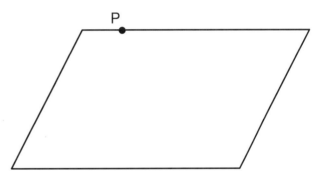

① 請在右圖上畫出對稱中心。

② 請畫出P點的對應點。

12 求下列圖形的面積。

① 從1個大長方形剪掉2個小長方形的圖形。

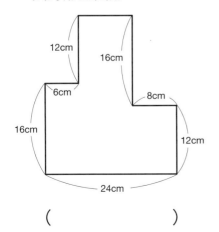

② 長12m、寬20m的土地上，2m寬道路以外的面積。

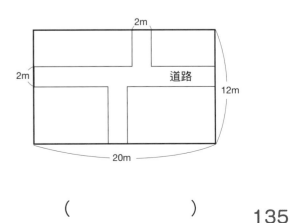

（　　　　　　　　）　　　　　　（　　　　　　　　）

1 求下列圖形█的周長。

① ②

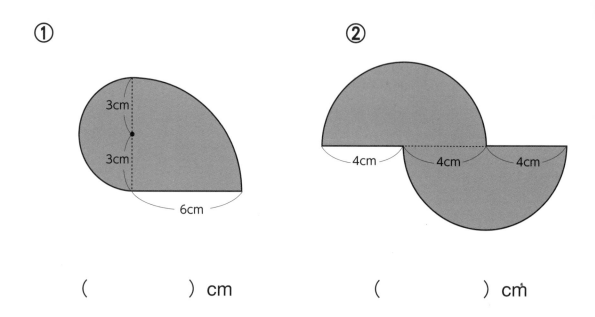

(   ) cm   (   ) cm

2 下面 **甲** **乙** **丙** 三個圖形的█面積都相等。請與家人或朋友一起討論，解釋相等的原因。

甲   **乙**   **丙**

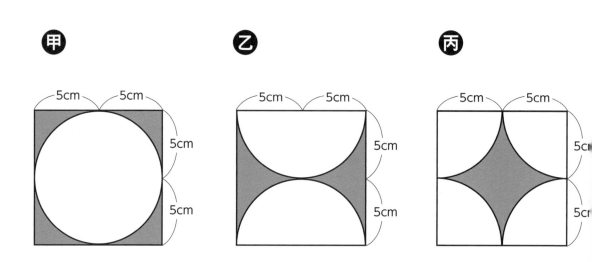

3 求下列圖形▨的周長和面積。

①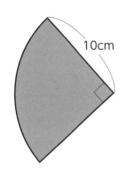

10cm

周長（　　　　）
面積（　　　　）

②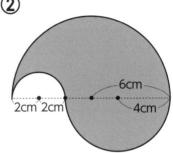

6cm

2cm 2cm　　4cm

周長（　　　　）
面積（　　　　）

4 求下面圖形▨的周長和面積。

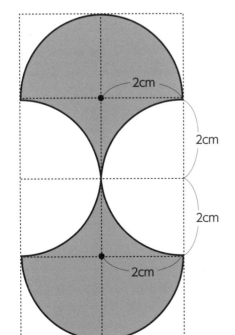

2cm

2cm

2cm

2cm

周長（　　　　）
面積（　　　　）

1 請想想下圖的立體體積該怎麼算。

① 假如把圖中的梯形ABCD當成底面，
請問高是幾cm？

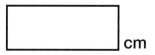

cm

② 請問體積是多少？

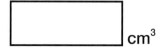

cm³

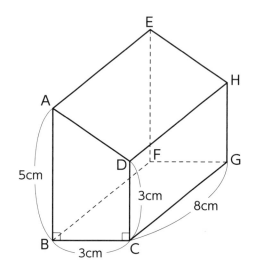

2 請想想下圖的立體體積該怎麼算。

① 假如把24cm長的線段CK當
成圖中立體的高，請問底面
面積是幾cm²？

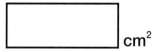

cm²

② 請問體積是多少？

cm³

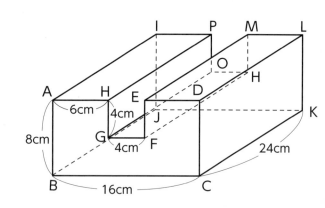

3 用厚1cm的木板製作如下圖的長方體容器。

① 請問容器的容積是cm³？幾dL？

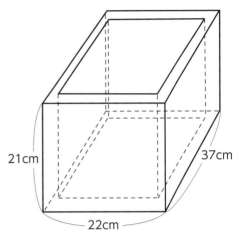

21cm　37cm　22cm

	cm³

	dL

② 在容器內裝入42dL的水。

請問水面的高度距離容器外側的底是幾cm？

	cm

4 請在下面 ☐ 內填入正確的數。

① 1L = ☐ dL = ☐ cm³

② 34000cm³ = ☐ dL = ☐ L

③ 0.37L = ☐ dL = ☐ cm³

1

①**10kg100g**　　②**1m37cm**　　③**6dL**

④**1kg770g**　　⑤**4m3cm**

2

①**3020**　　②**605**　　③**37・3700**

④**4020**　　⑤**3700**

3

①**2**　　②**1630**　　③**0.85**

④**3400**　　⑤**1・480**

4

①**120°**　　②**150°**　　③**45°**　　④**275°**

5

甲　**125°**　　乙　**125°**　　丙　**55°**

6

①

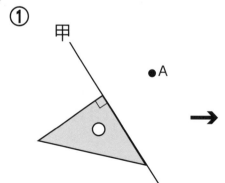
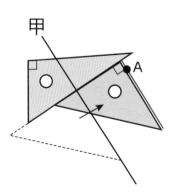

②

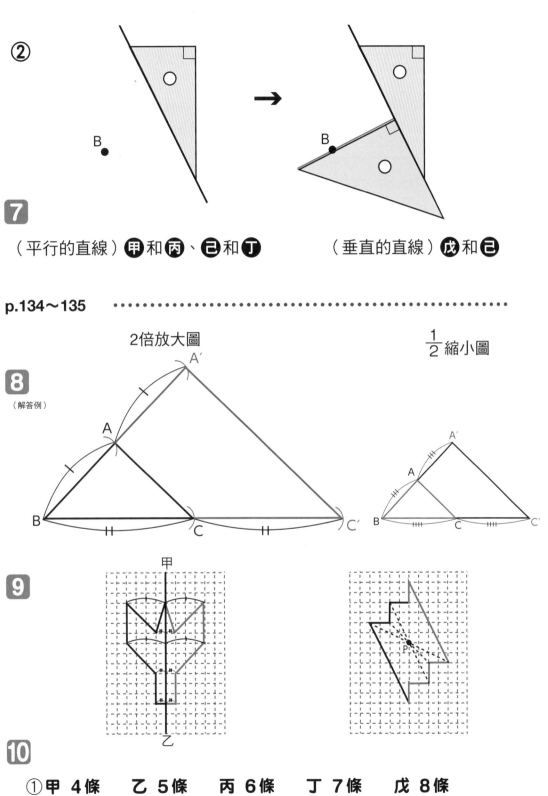

7

（平行的直線）**甲**和**丙**、**己**和**丁**　　　　（垂直的直線）**戊**和**己**

p.134～135　•••

2倍放大圖　　　　　　　　　　　　　$\frac{1}{2}$縮小圖

8
（解答例）

9

10

①**甲 4條　　乙 5條　　丙 6條　　丁 7條　　戊 8條**

正多邊形的對稱軸，跟邊（角）數一樣多。

②**甲、丙、戊**

正多邊形中，邊（角）數為偶數的圖形屬於點對稱。

11

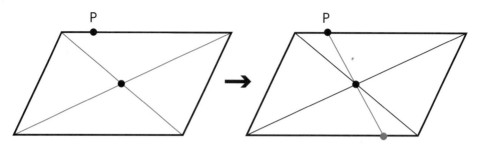

首先，從對角線的交點找出
對稱中心。

畫一條通過P點和對稱中心的直線，直
線與對邊的交點，就是P點的對應點。

12

①**472cm²**　　　　（12＋16）×24－（12×6＋16×8）＝472

②**180m²**　　　　（12－2）×（20－2）＝180

p.136～137 ••

1

①**24.84**

6×3.14÷2＋12×3.14÷4＋6
＝3×3.14＋3×3.14＋6
＝6×3.14＋6
＝24.84

②**33.12**

8×3.14＋4×2
＝25.12＋8
＝33.12

2

（解答例）因為 **甲 乙 丙** 都有4個 。

甲

乙
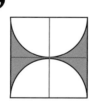

丙

3

①（周長）**35.7cm**

20×3.14÷4＋10×2
＝15.7＋20
＝35.7

（面積）**78.5cm²**

10×10×3.14÷4＝78.5

② （周長）**37.68cm**

由半圓組合而成的圖形周長，就等
於最大半圓的圓周（參照p.110）。

$12 \times 3.14 = 37.68$

（面積）**75.36cm²**

$6 \times 6 \times 3.14 \div 2 + 4 \times 4 \times 3.14 \div 2 -$
$2 \times 2 \times 3.14 \div 2$
$= 18 \times 3.14 + 8 \times 3.14 - 2 \times 3.14$
$= (18 + 8 - 2) \times 3.14$
$= 24 \times 3.14$
$= 75.36$

4

（周長）**25.12cm**

等於半徑2cm的圓的圓周2倍。

$4 \times 3.14 \times 2 = 25.12$

（面積）**16cm²**

與邊長4cm的正方形面積相同。

$4 \times 4 = 16$

p.138～139 •••

1

①**8**

②**96**

$\underbrace{(3+5) \times 3 \div 2}_{\text{底面積}} \times 8$

$= 8 \times 3 \div 2 \times 8$
$= 96$

2

①**112**

$8 \times 16 - 4 \times 4 = 128 - 16 = 112$

②**2688**

$112 \times 24 = 2688$

3

①**14000、140**

$(37-2) \times (22-2) \times (21-1)$
$= 35 \times 20 \times 20$
$= 14000$

②**7**

內側的底面積：$(37-2) \times (22-2)$
$\qquad\qquad\qquad = 35 \times 20$
$\qquad\qquad\qquad = 700\text{cm}^3$

因為容積是42dL，等於4200cm³

$4200 \div 700 = 6\text{cm}$

將此值加上底板的厚度，就是

$6 + 1 = 7$

4

①**10、1000**　②**340、34**　③**3.7、370**

作者介紹

西村則康（Nishimura Noriyasu）

◇—日本唯一的「補習班嚴選師」 專業家庭教師集團・名門指導會 代表
中學入學考情報局「聰明人的補習班」主任諮商員

◇—有40年中學名校入學考試指導經歷的現任家教。採用能夠融會貫通、重視「啊、原來如此！」的數學教學法，成效卓著。針對如何營造親子快樂溝通的情境建言也廣受好評。曾教出超過2500名考上男女三大名校及灘中學校等門檻最高學校之學生。著有『いちばん得する中学受験（CP值最高的中學考試）』（すばる舍）、『中学受験は親が9割（中學考試9成的成功關鍵在於父母）』（青春出版社）、『つまずきをなくす算数（算數不打結）』（實務教育出版）等作。（以上書名皆為暫譯）

辻義夫（Tsuji Yoshio）

◇—中學入學考情報局「聰明人的補習班」主任諮商員　名門指導會 副代表

◇—大學在學期間就開始於大型升學補習班任教，指導以門檻最高中學為目標的學生數學和理化。2000年，以創始成員的身分加入「中學入學考專門個別指導教室 SS-1」。其教學方式得到「可使人在不知不覺間愛上數學和理化」、「令人迫不及待想參加中學入學考」等好評。近期著有『いちばん得する中学受験（CP值最高的中學考試）』（すばる舍）『中学受験 すらすら解ける魔法ワザ 理科（中學入學考 輕鬆解題的魔法祕訣 理科）』（實務教育出版社）、『頭がよくなる 謎解き 理科ドリル（讓頭腦變聰明的解謎遊戲 理科練習題）』（かんき出版）等作。（以上書名皆為暫譯）

SHOGAKKO ROKUNENKAN NO ZUKEI NO OSHIEKATA by Noriyasu Nishimura, Yoshio Tsuji
Copyright © Noriyasu Nishimura, Yoshio Tsuji 2019
All rights reserved.
Original Japanese edition published by Subarusya Corporation, Tokyo

This Complex Chinese edition is published by arrangement with Subarusya Corporation, Tokyo in care of Tuttle-Mori Agency, Inc., Tokyo.

快速掌握小學六年幾何概念
日本補教界名師提升孩子解題能力的祕訣大公開

2020年11月1日　初版第一刷發行

作　　者　西村則康、辻義夫
譯　　者　陳識中
編　　輯　魏紫庭、吳元晴
特約美編　鄭佳容
發 行 人　南部裕
發 行 所　台灣東販股份有限公司
　　　　　＜網址＞http://www.tohan.com.tw
法律顧問　蕭雄淋律師
香港發行　萬里機構出版有限公司
　　　　　＜地址＞香港北角英皇道499號
　　　　　　　　　北角工業大廈20樓
　　　　　＜電話＞（852）2564-7511
　　　　　＜傳真＞（852）2565-5539
　　　　　＜電郵＞info@wanlibk.com
　　　　　＜網址＞http://www.wanlibk.com
　　　　　　　　　http://www.facebook.com/wanlibk
香港經銷　香港聯合書刊物流有限公司
　　　　　＜地址＞香港荃灣德士古道220-248號
　　　　　　　　　荃灣工業中心16樓
　　　　　＜電話＞（852）2150-2100
　　　　　＜傳真＞（852）2407-3062
　　　　　＜電郵＞info@suplogistics.com.hk
　　　　　＜網址＞http://www.suplogistics.com.hk

日文版STAFF

製作協力　加藤彩
本文設計・插圖　有限會社チャダル
校對　株式會社みね工房
編輯・製作　株式會社童夢 .